人与自然和谐共生的绿色发展研究

马　敏　雷凤仪　赵淑琪　崔增辉　著

西南财经大学出版社

中国·成都

图书在版编目(CIP)数据

人与自然和谐共生的绿色发展研究/马敏等著.成都:西南财经大学
出版社,2024.6.--ISBN 978-7-5504-6261-8

Ⅰ.X321.2

中国国家版本馆 CIP 数据核字第 2024NU9738 号

人与自然和谐共生的绿色发展研究
REN YU ZIRAN HEXIE GONGSHENG DE LÜSE FAZHAN YANJIU

马　敏　雷凤仪　赵淑琪　崔增辉　著

策划编辑:邓克虎
责任编辑:邓克虎
责任校对:肖　翀
封面设计:张姗姗
责任印制:朱曼丽

出版发行	西南财经大学出版社(四川省成都市光华村街55号)
网　　址	http://cbs.swufe.edu.cn
电子邮件	bookcj@ swufe.edu.cn
邮政编码	610074
电　　话	028-87353785
照　　排	四川胜翔数码印务设计有限公司
印　　刷	四川五洲彩印有限责任公司
成品尺寸	170 mm×240 mm
印　　张	12.75
字　　数	320 千字
版　　次	2024 年 6 月第 1 版
印　　次	2024 年 6 月第 1 次印刷
书　　号	ISBN 978-7-5504-6261-8
定　　价	88.00 元

前　言

　　人与自然的关系问题是一个自人类文明产生以来就受到持续关注的核心议题。自工业文明产生以来，人与自然之间便产生了严重冲突，人类在充分享受工业文明带来巨大进步的同时，自然界却饱受工业污染的严重侵害。水土流失、气候变暖、极端天气增多、自然灾害频发、生物多样性锐减等一系列生态失衡现象加剧演化，人类赖以生存的地球受到了前所未有的挑战。人们逐渐意识到，失去了自然，就等于毁掉了人类赖以生存发展的根基。如何在现代化进程中平衡人与自然的关系已经成为人类社会面临的十分紧要的问题。中国特色社会主义进入新时代以来，以习近平同志为核心的党中央高度重视生态问题，提出了一系列新思想、新战略、新举措，促进了生态文明建设的高质量发展。其中，"人与自然和谐共生的绿色发展"成为新时代推进生态文明建设的核心议题。这也是本书聚焦"人与自然和谐共生的绿色发展"这一主题的意义所在。

　　人与自然和谐共生的绿色发展突破了生产发展和生态环境对立的难题，强调"在发展中增添绿色，在绿色中寻求发展"的辩证观。人与自然的和谐共生既是发展的前提和基础，又是发展的目标导向和价值追求。推进"人与自然和谐共生的绿色发展"是一个理论与实践相结合的双重命题，本书致力于从人与自然和谐共生的绿色发展的理论溯源出发，回顾其历史演进、明晰其时代要求、把握其总体方略、落实其现实问题、提出其相应对策、阐发其价值意义，尽可能地完整呈现人与自然和谐共生的绿色发展图景，从而为深入推进生态文明建设贡献一份力量。

　　本书由四川大学马克思主义学院在读博士研究生马敏、雷凤仪、赵淑琪、崔增辉共同撰写，具体分工为：马敏撰写第四章、第五章，以及第六章的第一、二、三节；雷凤仪撰写第六章的第四、五节，以及第七章、第八章；赵淑琪撰写第一章和第二章；崔增辉撰写第三章。马敏和崔增辉负责全书统稿。四位作者基于对"人与自然和谐共生的绿色发展"这一主题的共同兴趣而进行合作研究，最终完成了本书的撰写。在本书的撰写过程中，我们多次请教相关老师、前辈，他们提出了诸多宝贵意见，为本书的顺利撰写提供了莫大帮助。本书在撰写过程中吸收和借鉴了学界诸多优秀研究成果，其为本书的最终付梓提供了理论支撑。此外，本书的出版还得到了西南财经大学出版社的大力支持。在此一并表示衷心的感谢和诚挚的敬意。由于笔者理论水平和学术研究能力有限，书中难免存在不足之处，敬请各位读者批评指正！

作　者

2024 年 3 月

目　录

第一章 绪论

第一节 研究缘起及意义

一、研究缘起

人与自然的关系是人类社会最基本的关系，而发展则是贯穿人类社会始终的命题。人与自然的关系问题，实质是"人类发展与自然保护"之间的关系问题。人类发展往往又优先表现为经济的发展。因此，这个问题必然会导向对发展理念的追问与思考。传统的发展理念往往以人为中心，将经济发展置于自然保护之前。历史已经证明，只顾经济发展而不顾自然的发展是不可能长久的，因为人与自然绝非对立的存在，而是共同构成了生命共同体。要想实现人类的永续发展，就必须坚持正确的发展观，实现人与自然的双赢，即人与自然的和谐共生。

进入新时代以来，党和国家高度重视人与自然的关系问题，并在此基础上提出着力推进人与自然和谐共生的绿色发展的现实要求，力图做到人类发展与自然保护并重。这不仅是顺应时代潮流的必然趋势，也是解决中国自身生态问题的现实需要。习近平总书记多次强调推进人与自然和谐共生的重要性："当人类友好保护自然时，自然的回报是慷慨的；当人类粗暴掠夺自然时，自然的惩罚也是无情的。"① 对人类而言，实现发展与保护自然并不是非此即彼的选择。从实现人类永续发展的角度来看，两者如鸟之双翼，缺一不可。良好的生态环境"关系经济社会发展潜力和后劲"②，

---

① 习近平. 习近平谈治国理政：第四卷［M］. 北京：外文出版社，2022：435.
② 习近平. 习近平谈治国理政：第四卷［M］. 北京：外文出版社，2022：435.

有益于经济社会的长远发展。因此，党和国家正式提出人与自然和谐共生的绿色发展，无疑是在关键历史节点对国家未来的发展方向的厘清。在这种情况下，对人与自然和谐共生的绿色发展展开研究，具有时代的必要性和现实的紧迫性。具体来说，选择这个主题展开研究主要是基于如下的考虑：

第一，传统发展模式面临着生态困境，亟须转型。传统发展模式以牺牲自然为代价、以粗放的工业化为引擎，实现经济的迅速发展。早期的西方发达国家和当今的发展中国家或受制于技术，或受制于资源，一般会通过以牺牲环境为代价的传统发展道路实现最初的经济发展。中国自改革开放以来也采取了这种发展模式，以生态为代价实现了经济飞速发展的奇迹。然而，当经济发展到一定阶段以后，不断累积的生态问题最终爆发出来，成为一切采取传统发展道路的国家所共同面临的生态困境。具体来说，这一困境主要表现为危及人类长远发展的资源短缺和环境污染的问题。

面对这一生态困境，中国亟须转变发展模式。而人与自然和谐共生的绿色发展适应这一需要，其要求做到经济发展与自然环境并举，逐步改变传统的发展道路，解决发展面临的生态困境。因此，对这一理念展开研究和阐释，有利于促进中国转变发展模式，实现经济社会的高质量发展。

第二，适应中国绿色发展现状阶段性总结和展望的需要。绿色发展理念在中国经历了漫长的历史演进阶段，从对人与自然问题的朴素理解到科学发展观在人与自然方面的贯彻，到 2011 年"十二五"规划正式提出绿色发展，再到党的十八大以来对绿色发展理念的全面推进和落实。进入新时代以来，我国绿色发展在理论与实践两个方面都进入了加速阶段，取得了令世人瞩目的成就。例如，为了改善空气质量，深入推进蓝天保卫战，我国不断调整能源结构，并通过低排放改造打造出世界规模最大的清洁煤电体系。这些实践的成就和经验，迫切地需要系统性总结。2020 年 11 月，习近平总书记在全面推动长江经济带发展座谈会上，将人与自然和谐共生与绿色发展联系在一起，提出要"努力建设人与自然和谐共生的绿色发展示范带"①。党的二十大则正式提出"推动绿色发展，促进人与自然和谐共

---

① 习近平. 习近平谈治国理政：第四卷 [M]. 北京：外文出版社，2022：358.

生"①，明确要将绿色发展推进到实现人与自然和谐共生的阶段。这表明，中国的绿色发展已经进入了一个全新的阶段，需要对过去的经验和成就进行阶段性的总结和提炼，并在此基础上展望新征程赋予绿色发展的全新目标和使命，即促进人与自然的和谐共生。

第三，学界对"人与自然和谐共生的绿色发展"系统性阐释存在欠缺。党的二十大将绿色发展推进至人与自然和谐共生的阶段，表明人与自然和谐共生的绿色发展在新时代新征程中存在着重要的研究价值和意义。然而，由于该命题的提出时间较晚，目前学界已有的关于人与自然和谐共生的绿色发展的研究十分有限，对人与自然和谐共生与绿色发展之间的结合并未予以高度重视，将其看作一个主题进行系统性阐释的研究十分欠缺。其一方面表现为缺乏对人与自然和谐共生的绿色发展的全面阐释，即对这一主题的内涵与外延、主题中两个概念之间的关系的全面分析；另一方面表现为缺乏对绿色发展进入新阶段的理论视野、时代要求、历史演进、总体方略、现实困境、实践路径和价值意蕴的系统性分析。除此之外，目前学界关于绿色发展的研究存在理论与实践融合度不够、整体研究缺乏系统性和整体性的问题。因此，有必要秉持系统思维，针对这一研究主题进行深入的研究，充分把握党的二十大提出的"人与自然和谐共生的绿色发展"这一全新命题的意蕴。

二、研究意义

（一）理论意义

第一，构建了人与自然和谐共生的绿色发展的理论体系。人与自然和谐共生的绿色发展是对"发展方式"这一时代问题的响应，是对"如何破解人与自然和谐共生的发展之困、推动经济社会绿色发展"的回应。中国的绿色发展不仅具有充足的实践经验，而且具有广阔的影响领域，涉及经济、社会、生态领域等。它所具有的内容需要进行系统化、理论化的总结。本书从历史、理论和实践三大维度对人与自然和谐共生的绿色发展进行了阐释分析，遵循"为什么—是什么—怎么办"的基本逻辑，全面分析了研究主题的理论视野、时代要求、历史演进、总体方略、现实困境、实

---

① 习近平. 高举中国特色社会主义伟大旗帜 为建设社会主义现代化国家而团结奋斗：在中国共产党第二十次全国代表大会上的报告 [M]. 北京：人民出版社，2022：49.

践路径和价值意蕴，形成了围绕人与自然和谐共生的绿色发展的完整思想体系。

第二，明晰了中国共产党绿色发展理念的形成过程。绿色发展概念正式见之于中国官方文件是在 2010 年，但在概念被正式提出之前，中国共产党已经对绿色发展进行了长期的实践探索和经验总结。其既包含早期朴素的环保思想、人口协调思想等尚不全面的思想，也包含可持续发展、科学发展观等较为完善系统的思想，它们之中蕴含着绿色发展的萌芽，构成人与自然和谐共生的绿色发展理念的基础，本质上与绿色发展是同一的。人与自然和谐共生的绿色发展理念是中国共产党绿色发展理念根据时代发展要求进一步升华的理论成果，是最新的成果和时代精华。本书注重梳理人与自然和谐共生的绿色发展的理论基础与历史脉络，对各个时期的理论和实践成果进行了概括总结，有助于对一百多年来中国共产党绿色发展理念进行学术化的梳理。

（二）实践意义

第一，有利于宣传绿色发展理念，践行绿色发展之路。习近平总书记强调："面向未来，我们要敬畏自然、珍爱地球，树立绿色、低碳、可持续发展理念"①。一方面，绿色发展是时代潮流，大势所趋，是每个人迎接未来应当了解的正确发展理念；另一方面，绿色发展宣传越深入人心，越有利于在全社会推行绿色发展。本书遵循"为什么—是什么—怎么办"的基本逻辑，全面系统地对人与自然和谐共生的绿色发展理念进行了学理性阐释和分析，宣传了绿色发展理念，有助于提升人们对绿色发展理念的理解和认知，客观上畅通了绿色发展道路。

第二，为制定绿色发展相关决策与规划提供学术支持。进入新时代以来，党和国家充分重视绿色发展，不断加强生态文明建设，大力建设美丽中国，十年来创造的生态奇迹和绿色发展奇迹令世界为之瞩目。党的二十大提出"推动绿色发展，促进人与自然和谐共生"②，"十四五"规划为实现这一目标拟定了详尽的实践规划，表明未来中国坚定不移地走绿色发展之路的决心。本书建立在对党和国家的绿色发展相关路线、方针、政策充分学习研究的基础之上，能够反映和体现党的二十大以来人与自然和谐共

---

① 习近平. 论坚持推动构建人类命运共同体 [M]. 北京：中央文献出版社，2018：459.

② 习近平. 高举中国特色社会主义伟大旗帜 为建设社会主义现代化国家而团结奋斗：在中国共产党第二十次全国代表大会上的报告 [M]. 北京：人民出版社，2022：49.

生的绿色发展的核心内容，能够在各级政府部门、企事业单位和其他相关组织制定绿色发展规划与决策的过程中提供理论指导。

第三，能够通过对中国共产党绿色发展理念与实践的提炼，提供理解中国绿色发展的有益视角。自人类进入工业社会以来，生态环境问题就成为经济社会发展的副产品，考验着世界各国处理人与自然关系、反思发展方式的能力。当今时代，世界各国在生态问题上"同此凉热"，作为人类命运共同体而存在，更需要携手与共推动绿色发展。本书对人与自然和谐共生的绿色发展进行研究，实际上是对中国共产党绿色发展理念与实践成果进行提炼，以及系统化理论化的过程。这有利于为同样面临生态问题，亟须转变发展方式的国家提供中国绿色发展的经验智慧。

第二节　国内外研究综述

尽管对于党的二十大提出的"人与自然和谐共生的绿色发展"的相关研究十分有限，但国内外学界对于绿色发展，包括中国的绿色发展已经形成了一定的学术成果。一方面，国内学界从多角度、多层次对绿色发展进行了系统性的研究，其成果为本书的研究提供了坚实的基础；另一方面，国外的生态发展理论聚焦西方自身的发展现状和问题，对中国绿色发展的研究缺乏深度和广度，但也为本书的研究提供了多元理论视野。对国内外绿色发展的研究现状进行综述，能够使本书在充分把握"绿色发展"的理论发展脉络的基础上，对"人与自然和谐共生的绿色发展"进行更加系统完善的阐释。

一、国内研究现状

2002 年，联合国发表《2002 中国人类发展报告：绿色发展，必选之路》，首次提出"绿色发展"概念，这一概念与我国 20 世纪 90 年代所提出的"可持续发展战略"在理念上高度契合，因而逐步成为学界研究的焦点。迄今为止，学界对"绿色发展"的相关研究已经形成了丰富的理论成果。

第一，关于绿色发展的理论性研究。这类研究从绿色发展的内涵、渊源、历程、路径、价值等角度展开，经过长期的发展已经形成丰富的理论成果。这其中既包括《生态文明与绿色发展》（褚大建，2008）①、《绿色发展》（刘德海，2016）②、《中国：创新绿色发展》（胡鞍钢，2012）③、《绿色发展的理论维度》（金瑶梅，2018）④ 等理论著作，也包括许多选择从特定角度展开研究的理论文章。例如，霍艳丽和刘彤（2011）关注绿色发展的现实路径，提出生态经济建设是绿色发展的基本内容、目标和途径，必须以此为着力点实现绿色发展⑤；王玲玲和张艳国（2012）聚焦绿色发展概念问题展开研究，提出绿色发展内含环境、经济、政治、文化四个方面的内容，是一种新型的发展模式⑥；方世南（2016）聚焦绿色发展理念的马克思主义理论源泉展开研究，指出绿色发展理念继承和发展了马克思主义发展规律论、发展价值论和发展方法论⑦；陈勇（2019）深度解读了新时代绿色发展的伦理价值，并提出了贯彻和实现新时代绿色发展理念的伦理价值的实践路径⑧。

第二，关于绿色发展的实证性和指向性研究。这类研究大多选择特定的区域作为研究对象，或总结其绿色发展的优秀经验，或针对其实现绿色发展的问题提出对策建议，具有较强的实证性和指向性。例如，郑文含（2019）以徐州市贾汪区为例总结了资源枯竭型城市通过绿色发展实现转型的经验对策⑨；颜文华（2017）以河南省洛阳市为例总结其通过休闲旅游实现绿色发展的路径经验⑩；聂弯（2018）以黑龙江省大庆市为研究对象，探究了其在资源环境约束条件下培育绿色发展新动能取得的成效和存在的问题，并提出了对策建议⑪；黄素珍等（2021）学者对安徽省黄山市

① 诸大建. 生态文明与绿色发展 [M]. 上海：上海人民出版社，2008.
② 刘德海. 绿色发展 [M]. 南京：江苏人民出版社，2016.
③ 胡鞍钢. 中国：创新绿色发展 [M]. 北京：中国人民大学出版社，2012.
④ 金瑶梅. 绿色发展的理论维度 [M]. 天津：天津人民出版社，2018.
⑤ 霍艳丽，刘彤. 生态经济建设：我国实现绿色发展的路径选择 [J]. 企业经济，2011，30（10）：63-66.
⑥ 王玲玲，张艳国. "绿色发展"内涵探微 [J]. 社会主义研究，2012（5）：143-146.
⑦ 方世南. 论绿色发展理念对马克思主义发展观的继承和发展 [J]. 思想理论教育，2016（5）：28-33.
⑧ 陈勇. 新时代绿色发展理念的伦理价值及其实现路径 [J]. 伦理学研究，2019（5）：20-26.
⑨ 郑文含. 绿色发展：资源枯竭型城市转型路径探索：基于徐州市贾汪区的实证 [J]. 现代城市研究，2019（4）：100-105.
⑩ 颜文华. 休闲农业旅游绿色发展路径：以河南省洛阳市为例 [J]. 江苏农业科学，2017，45（17）：301-304.
⑪ 聂弯. 资源环境约束下培育绿色发展新动能战略路径研究：以大庆市为例 [J]. 生态经济，2018，34（5）：66-69.

各区县的绿色发展情况进行了细致的比较研究，并提出具体建议①；王建勋、刘岩和任亮（2021）选择河北省张家口市展开绿色发展的问题和对策研究②。这些实证研究是对我国绿色发展实践的阶段性总结，对于未来更好地落实绿色发展具有现实的价值。

第三，关于中国共产党历届领导集体相关思想的研究。中国的绿色发展在理论与实践两个方面都离不开党的领导，中国共产党历代领导集体都对绿色发展进行了探索和推进，最终形成具有中国特色的绿色发展理念。因此，从中国共产党历代领导集体的视角出发对绿色发展理念进行发掘与总结具有重要的研究意义。有的学者以历史分期为线索总结中国共产党的绿色发展演进历程，例如冯留建和管婧（2017）③、刘志阳和庄欣荷（2022）④、陆波和方世南（2021）⑤ 等学者都是按照不同时期对中国共产党探索绿色发展的进程进行凝练；也有学者以中国共产党历届领导人为线索总结中国共产党的绿色发展经验，例如魏聚刚（2018）⑥、崔青青（2019）⑦、左雪松（2019）⑧ 等学者总结了中国共产党历届领导人关于绿色发展的相关论述，力图理清中国共产党绿色发展的演进脉络；黄志斌等学者分别深度挖掘和凝练了毛泽东⑨和邓小平⑩关于绿色发展的相关论述，指出他们的观点中具有绿色发展的思想意蕴。在这之中，对习近平总书记

① 黄素珍，鲁洋，杨晓英，等. 安徽省黄山市绿色发展时空趋势研究 [J]. 长江流域资源与环境，2019，28（8）：1872-1885.

② 王建勋，刘岩，任亮. 张家口市绿色发展现状、存在问题与对策研究 [J]. 草地学报，2021，29（9）：2017-2022.

③ 冯留建，管婧. 中国共产党绿色发展思想的历史考察 [J]. 云南社会科学，2017（4）：9-14，185.

④ 刘志阳，庄欣荷. 中国共产党百年绿色治理的探索进程与逻辑演进 [J]. 经济社会体制比较，2022（1）：36-44.

⑤ 陆波，方世南. 中国共产党百年生态文明建设的发展历程和宝贵经验 [J]. 学习论坛，2021（5）：5-14.

⑥ 魏聚刚. 从毛泽东到习近平：绿色发展理念的演进 [J]. 中学政治教学参考，2018（24）：5-10.

⑦ 崔青青. 建国以来中国共产党主要领导人的生态思想论析 [J]. 西南民族大学学报（人文社科版），2019，40（9）：197-205.

⑧ 左雪松. 新中国七十年来中国共产党生态思想历史演进的回顾和启示 [J]. 中南大学学报（社会科学版），2019，25（6）：1-8.

⑨ 黄志斌，沈琳，袁蛟姣. 毛泽东的绿色发展思想及其时代意义 [J]. 毛泽东邓小平理论研究，2015（8）：48-52，91.

⑩ 黄志斌，袁蛟姣，沈琳. 邓小平绿色发展思想的历史考察 [J]. 安徽史学，2016（3）：106-110.

关于绿色发展的相关论述的研究尤为丰富和深入，学者们从生成逻辑、理论特质、哲学基础、实践价值、时代价值等多个维度进行分析，实质上是对当代绿色发展理念的新特点和内容进行时代性的归纳。

可以说，目前绿色发展已经成为学界研究的焦点，逐步形成了多角度、多层次、系统性的研究成果。这不仅为绿色发展的理论研究提供了坚实的基础，也为绿色发展的实践提供了有效的模式和范例。但是，目前国内的研究仍然具有不足之处。一方面，学界对人与自然和谐共生的绿色发展的研究仍然有限。党的二十大提出"推动绿色发展，促进人与自然和谐共生"的重要表述将绿色发展推向了新的阶段，需要进一步挖掘和研究。另一方面，目前许多研究仍然缺乏系统性和整体性，理论与实践的相关研究融合度不足。尽管许多研究同时包括了绿色发展理论和实践的内容，但两者往往呈现出孤立状态，未能实现融洽转换。这需要研究秉持系统思维，充分把握绿色发展具有的理论性与实践性。

二、国外研究现状

从 20 世纪六七十年代起，西方社会深刻反思人与自然的关系问题，西方生态理论由此兴起并形成独特的发展脉络和丰富的理论流派。21 世纪以来，国外学者开始关注中国的生态危机，并对中国的绿色发展展开了一定的研究。

一方面，西方国家的生态理论形成了丰富的流派。20 世纪六七十年代，面对现实中日趋严重的生态问题，许多西方精英开始反思现实生态问题与经济发展的关系，呼吁人类关注现实生态问题。1962 年，蕾切尔·卡逊在《寂静的春天》中描述了杀虫剂带来的严重生态危害，在全球范围内引发公众的环境保护意识与行动。1972 年，罗马俱乐部的 60 多位科学家发表《增长的极限》，就经济增长与生态环境关系对全人类提出警示。学者丹尼斯·梅多斯第一次提出了转变人类发展模式，限制增长，实现可持续增长的观点，为国外的生态理论奠定了基础。与此同时，大量的生态保护组织以及绿色政党开始出现，西方生态理论与实践紧密联系。生态女性主义、生态学马克思主义、生态社会学、生态现代化理论、环境公民权理论等理论流派开始涌现，赋予西方生态理论旺盛的生命力。在这之中，生态现代化理论将生态理论关注的重点放在环境问题的预防和运用市场手段克服环境问题。这一理论被西方政府运用于实践，成为西方世界最具影响力的生态理论之一。除此之外，生态学马克思主义也以自身独特的理论资源和视角成为西方重要的生态理论流派。

另一方面，21世纪以来，西方学者对中国绿色发展状况展开了积极研究。首先，一些学者从理论视角出发对中国的绿色发展进行研究。美国学者大卫·格里芬在对比中美生态文明的发展过程中，指出马克思主义构成了习近平生态文明思想的基础，而"马克思对生态文明的赞同是真正引人注目的"①。习近平生态文明思想包含了人与自然和谐共生的绿色发展理念，这使中国的工业和经济发展模式朝着环境友好的方向迈进。他认为中国对马克思主义的一以贯之将有助于其实现生态文明，挽救人类文明。小约翰·柯布认为中国的绿色发展理念是满足了经济发展与生态环境治理双重需要的可持续发展理念，它在未来应当探索一种兼顾人与生物圈福祉的后现代的绿色发展理论，繁荣地方经济发展②。菲利普·克莱顿、贾斯廷·海因泽克指出，习近平生态文明思想既是对马克思主义的坚持，也是对世界马克思主义的发展。他们提出融合了马克思主义、中国传统智慧和过程哲学的有机马克思主义，认为它对中国的绿色发展具有积极意义③。其次，一些学者从实践角度出发对中国的绿色发展问题展开研究。大卫·施沃伦认为，绿色发展是对"经济-生态二元对立"理念的超越，中国的绿色发展应当关注企业这一主体，大力培育企业的社会责任感。同时，他也指出，中国要实现绿色发展必须遵循环境可持续发展的四大原则（自然资源的节制使用、限制难降解的人造化学品、限制垃圾制造、满足人们的基本需求）④。彼得·诺兰认为，如果将资源环境损耗情况计入GDP考量，中国绿色GDP的真正增长将非常少。粗放式发展将使中国面临巨大资源环境危机，因此中国必须在生态问题上放弃自由市场原则，以创造性的、非意识形态的方式对市场展开干预，解决发展与生态之间的矛盾⑤。英国学者杰拉德·陈聚焦中国环境治理具有的国际影响。他认为中国的生态与全球

① 大卫·格里芬. 生态文明：拯救人类文明的必由之路 [J]. 柯进华，译. 深圳大学学报（人文社会科学版），2013，30（6）：27-35.

② 小约翰·柯布. 生态文明的希望在中国 [J]. 人民论坛，2018（30）：20-21.

③ 菲利普·克莱顿，贾斯廷·海因泽克. 有机马克思主义：生态灾难与资本主义的替代选择 [M]. 孟献丽，于桂凤，张丽霞，译. 北京：人民出版社，2015：11-14.

④ 大卫·施沃伦. 绿色发展与企业的社会责任 [M] //赵建军，王治河. 全球视野中的绿色发展与创新：中国未来可持续发展模式探寻. 北京：人民出版社，2013：62-72.

⑤ 彼得·诺兰. 处在十字路口的中国 [J]. 吕增奎，译. 国外理论动态，2005（9）：31-36.

的生态有着密切的关系，中国不仅自身拥有绝对的自然规模，而且与其他地区的联系日益紧密，它对自身环境的治理将同样带动全球环境治理①。最后，一些学者对有助于中国推进绿色发展的积极因素进行研究。本·布尔强调"绿色法律"对生态环境保护的重要意义。他认为中国应当参考世界经验制定生态文明建设的相关法律制度，并指出能否真正落实相关法制改革，将成为中国能否实现生态文明建设预期目标的决定性因素②。Hansen 等学者同样关注法律因素对中国绿色发展的影响，认为中国将生态文明写入宪法的行为具有重要的现实意义。它有力地推动了中国环境保护相关法律和政策的制定与执行，从而推动中国的绿色发展③。Fujii、Managi 关注可持续的绿色技术对中国绿色发展的建设性意义。他们分析中国多个五年规划，指出中国政府对绿色技术研发的扶持影响绿色技术研发的方向。政府的有效政策推动技术的快速更新，根本上有利于实现绿色发展的目标④。克莱蒙林肯大学过程研究中心主任樊美筠聚焦教育因素对绿色发展的影响，认为现代的机械式教育是绿色发展的巨大障碍，实现绿色发展必须变革现行教育理念与教育模式，倡导绿色教育。她认为绿色教育与中华优秀传统文化具有亲和性，这将有利于绿色教育在中国的发展，为中国的绿色发展助力⑤。

综合来看，目前国外的生态理论发展较为完善且多样，能够为本书提供多元理论视野。对西方生态理论的合理吸收与借鉴，将使中国绿色发展之路有所参照，更为顺畅。同时，目前国外学者对中国绿色发展现状的相关研究还处于零散化状态，许多研究仅停留在表面而缺乏足够的深度。随着中国经济的进一步发展，这种研究的深度和广度也必将随之增加。因此，我们应当以辩证的态度看待这些研究，一方面要看到这些研究提供的

---

① 杰拉德·陈. 中国的环境治理：国内与国际的连结 [J]. 李丰，译. 复旦国际关系评论，2007 (1)：15.

② 本·布尔. 中国的生态文明文化与环境法制 [M] //徐静. 走向生态文明新时代的大文化行动：2016 生态文明贵阳国际论坛生态文化主题论坛讲演集. 北京：社会科学文献出版社，2017：70-77.

③ HANSEN, LI, SVARVERUD. Ecological civilization: interpreting the Chinese past, projecting the global future [J]. Global environmental change, 2018 (53)：195-203.

④ FUJII, MANAGI. Decomposition analysis of sustainable green technology inventions in China [J]. Technological forecasting and social change, 2019 (139)：10-16.

⑤ 闫艳. 加强国际交流 推进绿色发展："全球视域下的绿色发展与创新"国际学术研讨会综述 [J]. 唐都学刊，2012, 28 (6)：110-113.

独特的研究视角和见解，另一方面也要认识到国外学者在研究中国问题时所具有的局限性。

第三节　研究的概念界定

对人与自然和谐共生的绿色发展进行研究，首先必须明确这一研究主题的基本内涵。人与自然和谐共生的绿色发展是一个复合概念，研究需要对"人与自然和谐共生""绿色发展"，以及两个子概念之间的关系进行界定，以厘清研究范围。

一、人与自然和谐共生

人与自然和谐共生是人类在对既往人与自然关系进行批判继承的基础上，对未来人与自然理想关系的诉求和描述。其隐含的基本价值判断在于：一方面，人（包括个体的人、群体的人与人类）与自然界是平等的主体，应当摒弃人类中心主义与生态中心主义的片面观点；另一方面，人与自然是辩证统一的关系，两者既相互依存又相互制约，不可分割。在此基础上，能够在维护自然生态完好永续的同时实现人类经济社会高质量的发展，就是人与自然的理想状态。关于"人与自然和谐共生"概念的不同理解主要围绕着对"和谐共生"的解读展开。

有的学者基于中华优秀传统文化视野，认为和谐共生的关系是指相互依存、彼此协调的同时相互促进、共同发展①；有的学者基于价值外化的角度，认为人与自然和谐共生表现为人的价值与自然价值互促共进，人文价值与经济价值协调共增，代内价值与代际价值承续共保，区域价值、民族价值、国别价值与全人类价值分担共享②；有的学者从解决"不和谐相害关系"的反面视角出发，认为和谐共生的关系就是在考虑自然生态系统的承载力的前提下限制人类经济活动的规模和水平，并通过制度构建的方式消除一切针对自然生态系统的外部性生态影响③；有的学者通过挖掘和

---

① 王雪源，王增福. 人与自然和谐共生的现代化：科学内涵、本质要求与实现路径 [J]. 福建论坛（人文社会科学版），2023（1）：19-30.

② 方世南. 人与自然和谐共生的价值蕴涵 [J]. 城市与环境研究，2020（4）：3-11.

③ 钟茂初."人与自然和谐共生"的学理内涵与发展准则 [J]. 学习与实践，2018（3）：5-13.

谐、共生的词源根基，认为人与自然和谐共生的关系是指作为自然有机系统组成部分的人类，"以实现与其他生命及非生命环境的共同存续发展为目标（和），充分发挥自身的主观能动性调节人与自然之间的矛盾（谐），形成人类与自然共同繁荣的结果（共生）"①。这些解读是学者们视角选择差异的体现，它们为把握人与自然和谐共生的内涵提供了全面多样的参考。

本书认为，人与自然和谐共生的基本要求在于实现人与自然都能够实现自我存续的目标：对于人来说，自我存续的核心在于实现发展，因此人需要不断从自然界获取满足人生产发展需要的自然资源、生态功能和自然生态环境；对于自然来说，自我存续的核心要求是保持健康稳定的状态，包括保持资源的永续、生态系统的完好与环境的健康。当两者的要求都能够得到满足，达到帕累托最优状态时，就实现了人与自然的协调和谐、共同发展，即人与自然和谐共生。因此，人与自然和谐共生就是处于平等地位的人（包括个体的人、群体的人与人类）与自然，在考虑人的发展需要与环境承载能力的前提下，实现两者的共同存续发展的一种理想状态。

二、绿色发展

绿色发展的概念是工业社会经济高速发展的附属品，它起源于人类对经济快速发展引发的生态问题的回应和反思，是工业文明发展到一定阶段人类对于人与自然关系的重新审视与觉醒。因此，最初人们总是基于经济与生态视角，针对传统经济发展模式的问题提出绿色发展。但随着人类经济社会的继续进步，人们不断根据现实需要的变化拓展绿色发展的概念，使其概念的内涵和外延不断扩充。总的来说，学界对于绿色发展的定义有以下三种具有代表性的观点。

第一，作为发展方式的绿色发展。绿色发展被看作对传统粗放型发展方式的辩证否定，它针对传统发展方式带来环境资源等问题，强调绿色发展基于生态环境容量和资源承载力，通过发展绿色经济、降低资源消耗、修复生态环境等方式协调经济发展与环境保护之间的关系。学界对绿色发展的认识大多以此为开端，例如国内学者最早对绿色发展做出的界定，即"绿色发展就是在保障自然资本可持续性的前提下，更多地以人造资本代

---

① 王方邑，杨锐. 人与自然和谐共生概念辨析 [J]. 中国园林，2022，38（12）：104-108.

替环境和自然资本，提高物质和能源的使用效率，使经济增长逐步向低原材料消耗、低能耗的方向转变。"① 这一定义表明，早期绿色发展概念具有突出的问题导向性。世界银行和国务院发展研究中心联合课题组在此基础上更进一步，认为绿色发展是摆脱传统经济增长模式弊端，通过创造新的绿色产品市场、绿色技术、绿色投资以及改变消费和环保行为来实现经济增长②。除此之外，李佐军③、蒋南平④等学者都通过与传统发展方式的对立明确绿色发展的定义。

第二，作为价值理念的绿色发展。"绿色发展注重的是解决人与自然和谐问题"⑤，一些学者以此为起点，认为绿色发展是人与自然关系达到理想状态时的价值理念综合体。例如，有的学者认为绿色发展是反映人与自然关系问题的价值标准、价值目标和规范⑥。有的学者就绿色发展理念体系所包含的人与自然和谐共生，人与自然是生命共同体，人类必须尊重、顺应、保护自然，绿水青山就是金山银山等具体的价值理念进行总结分析⑦。还有学者进一步分析表现为价值标准、价值目标、价值规范的绿色发展，深刻把握绿色发展的内涵⑧。这种概念界定通过将绿色发展抽象化为价值理念的方式，使之具有了更加广阔的影响范围。

第三，作为有机系统的绿色发展。一些学者将绿色发展看作更加具有动态性的有机复合系统。这之中，大部分学者倾向于将绿色发展看作涉及经济、社会和生态的复杂系统。例如，有学者认为"绿色发展就是绿色的系统观"⑨，这种绿色的系统观包括了绿色生产观、绿色消费观、绿色发展观，最终要实现经济、社会、自然三个系统的和谐发展。有学者则认为绿色发展系统包含了环境发展、经济发展、政治发展、文化发展等各子系

① 侯伟丽. 21 世纪中国绿色发展问题研究 [J]. 南都学坛, 2004 (3)：106-110.

② 世界银行和国务院发展研究中心联合课题组. 2030 年的中国：建设现代、和谐、有创造力的社会 [M]. 北京：中国财政经济出版社, 2013.

③ 李佐军. 中国绿色转型发展报告 [M]. 北京：中共中央党校出版社, 2012.

④ 蒋南平, 向仁康. 中国经济绿色发展的若干问题 [J]. 当代经济研究, 2013 (2)：50-54.

⑤ 习近平. 习近平谈治国理政：第四卷 [M]. 北京：外文出版社, 2022：169.

⑥ 渠彦超, 张晓东. 绿色发展理念的伦理内涵与实现路径 [J]. 青海社会科学, 2016 (3)：54-58, 106.

⑦ 刘湘溶, 曾晓生. 绿色发展理念的生态伦理意蕴 [J]. 伦理学研究, 2018 (3)：17-22.

⑧ 渠彦超, 张晓东. 绿色发展理念的伦理内涵与实现路径 [J]. 青海社会科学, 2016 (3)：54-58, 106.

⑨ 胡鞍钢. 中国：创新绿色发展 [M]. 北京：中国人民大学出版社, 2012：34.

统①。此外，也有学者将绿色发展看作包括了总体观念、重要途径、行动领域三个层次的体系②，将绿色发展描述为从理念到实践的一个完整系统。

除了以上三种具有代表性的观念外，党和政府也基于政策实践的角度，对绿色发展做出定义。胡锦涛同志明确指出："绿色发展，就是要发展环境友好型产业，降低能耗和物耗，保护和修复生态环境，发展循环经济和低碳技术，使经济社会发展与自然相协调。"③ 这一定义具有突出的政策指导性和行动指向性。习近平总书记明确指出："坚持绿色发展，就是要坚持节约资源和保护环境的基本国策，坚持可持续的发展，形成人与自然和谐发展现代化建设新格局，为全球生态安全做出新贡献。"④

综上所述，本书认为绿色发展是一种与传统经济发展方式相区别的新型发展方式，它强调通过经济、社会、政治、文化、生态等领域的协同推进，解决人与自然关系问题，力图实现经济创新增长。

三、人与自然和谐共生与绿色发展的关系

对人与自然和谐共生的绿色发展概念的把握，需要建立在对两个子概念关系充分认知的基础上。目前学界对两者关系的认知主要可以分为三类。

第一，人与自然和谐共生是绿色发展的目标。大部分学者秉持这一观点，认为绿色发展以实现人与自然和谐共生为目标，是实现人与自然和谐共生的科学道路。学者们或明确人与自然和谐共生是绿色发展的理想目标⑤，或指出绿色发展以促进人与自然和谐共生为导向⑥，或强调要通过绿色发展迈向以人与自然和谐共生为标志的绿色经济社会⑦。习近平总书记

① 王玲玲，张艳国. "绿色发展"内涵探微 [J]. 社会主义研究，2012 (5)：143-146.
② 诸大建. 推动低碳循环发展是中国绿色发展的重要途径 [J] //中共中央宣传部理论局. 新发展理念研究：治国理政论坛系列理论研讨会论文集 (2016年). 北京：学习出版社，2017.
③ 胡锦涛. 胡锦涛文选：第三卷 [M]. 北京：人民出版社，2016：402.
④ 中共中央文献研究室. 习近平关于社会主义生态文明建设论述摘编 [M]. 北京：中央文献出版社，2017：29.
⑤ 渠彦超，张晓东. 绿色发展理念的伦理内涵与实现路径 [J]. 青海社会科学，2016 (3)：54-58，106.
⑥ 张友国. 人与自然和谐共生绿色发展的路径选择 [J]. 社会科学辑刊，2023 (5)：181-189.
⑦ 方世南. 绿色发展：迈向人与自然和谐共生的绿色经济社会 [J]. 苏州大学学报（哲学社会科学版），2021，42 (1)：15-22.

指出："绿色发展，就其要义来讲，是要解决好人与自然和谐共生问题"①，其中亦不乏将绿色发展看作实现人与自然和谐共生的道路的含义。

第二，绿色发展包含了人与自然和谐共生的内容。有的学者着眼于对单个概念的解读，认为人与自然和谐共生是绿色发展理念最核心的要素②，反映出绿色发展的价值指向；有的学者认为人与自然和谐共生展现了新时代中国特色社会主义的绿色发展底色③；有的学者认为绿色发展包含了人与自然和谐共生的价值选择④；有的学者将人与自然和谐共生看作绿色发展的一个基础要求⑤，认为达到该要求意味着绿色发展的实现；有的学者认为绿色发展理念是以"人与自然和谐共生"为主题，围绕它展开实践⑥。无论是将人与自然和谐共生看作绿色发展的要素、要求还是主题，实质都认为前者包含在后者之中。

第三，人与自然和谐共生可以通过实践转换为绿色发展。持这种观点的学者强调人与自然和谐共生的理论属性，将绿色发展看作一种发展模式，并基于这一语境，认为对人与自然和谐共生的理念的践行会自然转化为绿色发展的实际行动⑦。从这个意义而言，人与自然和谐共生与绿色发展是辩证统一、一体两面的关系。也有学者认为从构建人类命运共同体的角度来看，人与自然和谐共生本身就意味着一种具有中国特色的绿色发展方案⑧。

综合本书对人与自然和谐共生与绿色发展概念的界定，本书认为，研究主题中的"人与自然和谐共生"是一种人与自然关系的理想状态，而"绿色发展"则是一种新型发展道路，前者构成了后者的目标，后者是通往前者的现实道路。同时，由于人与自然和谐共生是新时代新征程赋予绿色发展的使命任务，这种理想状态就成为绿色发展进入新征程后的主要特征。

---

　① 习近平. 习近平谈治国理政：第二卷 [M]. 北京：外文出版社，2017：207.
　② 刘湘溶，曾晚生. 绿色发展理念的生态伦理意蕴 [J]. 伦理学研究，2018（3）：17-22.
　③ 王青. 新时代人与自然和谐共生观的哲学意蕴 [J]. 山东社会科学，2021（1）：103-110.
　④ 吴静. 论绿色发展的三重维度 [J]. 宁夏社会科学，2018（6）：17-21.
　⑤ 李佐军. 中国绿色转型发展报告 [M]. 北京：中共中央党校出版社，2012：1-2.
　⑥ 孙琳，葛燕燕，姜姝. 绿色发展理念驱动中国式现代化的辩证法研究 [J]. 南京农业大学学报（社会科学版），2023，23（3）：11-20.
　⑦ 方世南. 促进人与自然和谐共生的内涵、价值与路径研究 [J]. 南通大学学报（社会科学版），2021，37（5）：1-8.
　⑧ 马榕璠，杨峻岭. 全面理解习近平人与自然和谐共生理论的科学内涵 [J]. 思想政治教育研究，2021，37（5）：12-17.

第四节 研究思路和方法

一、研究思路

人与自然和谐共生是实现绿色发展的根本目标，如何实现这一目标，从而破解人与自然和谐共生的发展之困、推动经济社会绿色发展，则是必须思考的问题。本书以"人与自然和谐共生""绿色发展"两大核心范畴为依据设计研究思路，通过历史、理论和实践三大维度对人与自然和谐共生的绿色发展展开学理阐释和论证。首先，从历史维度溯源"人与自然和谐共生的绿色发展"的理论视野和历史演进，明晰中国过去的绿色发展的内容、目标及实践的探索，并结合当今时代对绿色发展的要求回答为什么要实现"人与自然和谐共生的绿色发展"。其次，从理论维度凝练总结"人与自然和谐共生的绿色发展"这一理论系统，回答什么是"人与自然和谐共生的绿色发展"。再次，从实践维度聚焦当代中国的绿色发展实践，从现实困境和实践路径两个方面展开研究，揭示和论证以绿色发展开创人与自然和谐共生的现代化新格局，展望怎样实现"人与自然和谐共生的绿色发展"。最后，总结提炼人与自然和谐共生的绿色发展价值意蕴，充分阐释本书的意义。

二、研究方法

（一）系统研究方法

系统研究方法是指秉持系统观念，将研究对象看作一个系统的整体，通过分析系统与构成系统的诸要素、要素与要素、系统与外部环境之间的互动关系，研究认知对象的系统特性、主要内容和运动规律，从而真正把握并解决现实存在的问题。一方面，人与自然和谐共生的绿色发展已经是一个完整的理论系统，因而具有其外部发展环境、历史演进过程、总体内容、内部逻辑、现实困境、实践路径及价值意蕴，必须对其进行系统性的梳理和研究。另一方面，人与自然和谐共生的绿色发展理念作为相对独立完善的理论系统，不可避免地会对实践发挥指导作用。因此，有必要运用系统研究方法分析其在哲学、经济、政治、文化、社会、生态等诸领域中的外化方略及其影响。

（二）文本研究方法

文本研究方法是指从一手材料即文本本身出发开展研究。本书的研究对象是中国共产党提出的人与自然和谐共生的绿色发展，研究必须借助丰富真实的历史文本，把握绿色发展理念演进背后的现实基础，从而平衡研究对象所具有的理论性和抽象性特点。本书对绿色发展的历史脉络、总体方略、实践路径等的研究，立足于不同时期相关的思想理论、政策、文件等一手文本材料。因此，研究要充分运用文本研究方法，分析和思考材料背后的逻辑和意涵，以此为基础对人与自然和谐共生的绿色发展进行全面系统的研究。

（三）历史与逻辑相统一的方法

历史与逻辑相统一的方法就是将逻辑推演充分融入历史分析之中，从客观的历史结果出发，进行合理的逻辑推理，分析历史演变的过程。对人与自然和谐共生的绿色发展进行研究，必须从客观的历史事实出发，认识到绿色发展是党关于人与自然关系问题的最为成熟的理论成果，在此之前，绿色发展经历了一个漫长的历史演进历程。因此，本书一方面注重运用历史分期的叙述方法，对中国的绿色发展的演进历程进行概览式归总；另一方面注重采用逻辑分析方法，从历史资料文献中抽丝剥茧，寻求绿色发展背后的问题意识、发展的内在规律和影响因素。

第五节　研究的重难点及创新点

一、研究的重点

本书研究的重点是归纳概括人与自然和谐共生的绿色发展的内容与路径，回答"何为人与自然和谐共生的绿色发展"以及"如何实现人与自然和谐共生的绿色发展"的问题。党的二十大提出"推动绿色发展，促进人与自然和谐共生"[①]，标志着中国的绿色发展业已进入更高的阶段，肩负起"人与自然和谐共生"的任务。因此，必须明确这一阶段的绿色发展的具体内容和实践指向，使之与既往的相关理论相独立，为未来中国的发展明

---

① 习近平. 高举中国特色社会主义伟大旗帜 为建设社会主义现代化国家而团结奋斗：在中国共产党第二十次全国代表大会上的报告 [M]. 北京：人民出版社，2022：49.

确方向。本书从历史的高度对中国绿色发展的不同阶段进行梳理和总结，并在此基础上从多个维度出发凝练人与自然和谐共生的绿色发展所具有的内容方略与实践路径。

二、研究的难点

本书的第一个难点在于对"人与自然和谐共生的绿色发展"的概念阐释。这是研究的基础性问题，同时也是极其重要的问题。一方面，绿色发展作为一种理念，本身被广泛运用于经济、政治、生态等各个领域，作为理论、政策，抑或价值观念的绿色发展存在着区别，需要斟酌厘清。另一方面，人与自然和谐共生的绿色发展是绿色发展的全新阶段，人与自然和谐共生与绿色发展的关系是概念阐释不可回避的问题。用明确的概念解决上述两方面的问题关系到本书的整体走向和基调，因此需要参考多方，斟酌考虑。

本书的第二个难点在于对"人与自然和谐共生的绿色发展"这个系统进行完整全面的总结概括。进入新时代以来，中国的绿色发展日渐成熟，逐步形成了完整的系统。绿色发展理念的影响范围不局限于生态领域，而是朝着经济、政治、文化等领域全方位渗透。同时，随着全球生态问题的凸显，绿色发展日益呼唤多区域多主体的合作。绿色发展作为一个系统，在理论和实践两方面的复杂性不断增强，因此需要清晰地把握这个系统的主要内容并对其进行概括。

本书的第三个难点在于对过去文献资料的整合与利用。中国的绿色发展经历了从理论萌芽到全面实践的漫长过程，相关的认知经历了从质朴粗糙到全面科学的进步。在这之间存在着大量的一手材料和文献，体现了不同时代中国对于绿色发展的认知与探索。一方面，早期绿色发展并未被予以充分的关注，大量相关的论述以环保、生态等主题出现，需要对材料进行细致的甄别和整理；另一方面，早期的材料纷繁复杂，其中有些材料反映出当时人们认知的局限，有些材料则体现出超越时代的价值理念，因此必须尽可能全面地收集材料，并审慎地提炼出不同时代对绿色发展的总体探索情况。这增加了资料搜集与整理的难度，同时影响了对不同时段绿色发展理念演进状态的概括难度。

三、研究的创新点

本书吸纳了前人的理论和探索精华，尽可能全面地对人与自然和谐共生的绿色发展进行梳理和分析，可能在研究主题与研究内容体系上存在一定的创新之处。

一方面，本书聚焦以促进"人与自然和谐共生"为目标的绿色发展，在研究主题上可能有所创新。"推动绿色发展，促进人与自然和谐共生"①是党的二十大提出的重要时代命题。它表明进入新时代以来，"破解人与自然和谐共生的发展之困、推动经济社会绿色发展"日渐成为具有迫切性和现实性的问题。人与自然和谐共生的绿色发展是党和国家对这一问题的积极回应。与以往相比，人与自然和谐共生的绿色发展更具有科学性和时代性，凸显了现阶段绿色发展的新的目标和要求，有必要对其展开专门性研究。然而，目前学界尚未存在人与自然和谐共生的绿色发展的研究专著，因此本书在研究主题上可能有所创新。

另一方面，本书系统阐释人与自然和谐共生的绿色发展，在理论内容体系上可能有所创新。人与自然和谐共生的绿色发展不仅是中国特色社会主义生态文明理论的最新成果，而且是新时代五大发展理念的重要组成部分，成为各个领域发展的重要指标。绿色发展的主要观点和理论分散于不同领域和层面的文献、讲话或资料之中。本书将对这些分散的思想理论观点进行必要的总结整合，系统阐明人与自然和谐共生的绿色发展的理论视野、演进历程、时代要求、总体方略、现实困境、实践路径和价值意蕴，全面阐述其理论和实践意义，提出其实践方式，从而构建人与自然和谐共生的绿色发展理论体系，具有理论创新的价值。

---

① 习近平. 高举中国特色社会主义伟大旗帜 为建设社会主义现代化国家而团结奋斗：在中国共产党第二十次全国代表大会上的报告 [M]. 北京：人民出版社，2022：49.

第二章　人与自然和谐共生的绿色发展理论视野

人与自然和谐共生的绿色发展的提出具有广阔的理论视野，是对东西方生态思想去芜存菁的结果。其中，马克思主义经典作家的生态思想是人与自然和谐共生的绿色发展的理论起点；中国共产党对绿色发展的理论探索是人与自然和谐共生的绿色发展的理论基础；中华优秀传统文化中的绿色发展智慧是人与自然和谐共生的绿色发展的历史文化源头；西方生态理论则是人与自然和谐共生的绿色发展的理论镜鉴。

第一节　马克思主义经典作家的生态思想

一、马克思、恩格斯的生态思想

（一）人与自然辩证统一的关系

习近平总书记曾指出："学习马克思，就要学习和实践马克思主义关于人与自然关系的思想。"[①] 马克思、恩格斯运用辩证唯物主义对人与自然辩证统一的关系进行了剖析，摒弃了过去对两者关系简单机械的理解。这构成了马克思主义生态思想的逻辑基础。

首先，从劳动实践的角度看，人与自然是相互依赖、相互联系的统一整体。一方面，人是自然界的有机组成部分，其生产生活高度依赖于自然。人生于自然，长于自然，作为有机身体的"我们连同我们的肉、血和

---

① 本书编写组. 十九大以来重要文献选编：上 [M]. 北京：中央文献出版社，2019：431.

头脑都是属于自然界和存在于自然界之中的"①。同时，人也需要从自然界中获取必需的物质生产资料实现自身的发展。人为了不致死亡，必须持续不断地与自然处于交互作用的过程中，维持个体乃至族群的生命。因此，从生到死，人都归属于自然，是能动的自然存在物，不可能摆脱自然界而存在。另一方面，马克思和恩格斯讨论的自然实际上是一种以实践为基础的人化的自然界，自然界是作为"人的无机的身体"②而存在的。马克思从来不脱离人而谈论自然，因为自然对人的意义和价值在于它是人类实践活动指向的客体，能被人利用和改造。那种抽象、孤立、与人分离的自然，因为遥不可及与不可利用，对人来说只能是"无"。

其次，在劳动实践的过程中，人与自然又形成了相对独立、彼此对立的关系。通过实践劳动，人开始区别于动物，与自然界相分离组建起相对独立于自然界的社会。人因自身的社会性而成为与自然对立的存在，开始能动地对自然进行征服与改造。人类征服和改造自然的能力越强大，人类的自我意识就越强盛。随着人自视为自然的主人，人与自然的对立达到了顶峰。但是，人类对自然界的每一次胜利，最终都只会招致自然界的报复。人类与自然终究是统一的关系，对自然界的破坏，最终将限制并威胁人类自身的生存与发展。正是在这个意义上，马克思将历史分为自然史和人类史两方面，同时提出"只要有人存在，自然史和人类史就彼此相互制约"③。

最后，人须正确认识人与自然辩证统一的关系，在保护自然的前提下推动社会生产力的发展。人必须抛弃以往"关于精神和物质、人类和自然、灵魂和肉体之间的对立的、荒谬的、反自然的观点"④，真正将自然看作人的无机的身体来保护。同时，人也需要从自然界中获取必需的物质生产资料实现自身的发展。马克思认为，保护自然与实现发展并不对立。因

---

① 中共中央马克思恩格斯列宁斯大林著作编译局. 马克思恩格斯全集：第二十六卷 [M]. 北京：人民出版社，2014：769.

② 中共中央马克思恩格斯列宁斯大林著作编译局. 马克思恩格斯全集：第三卷 [M]. 北京：人民出版社，2002：272.

③ 中共中央马克思恩格斯列宁斯大林著作编译局. 马克思恩格斯文集：第一卷 [M]. 北京：人民出版社，2009：516.

④ 中共中央马克思恩格斯列宁斯大林著作编译局. 马克思恩格斯全集：第二十六卷 [M]. 北京：人民出版社，2014：769.

为在社会生产中"人和自然作为财富的原始源泉是共同起作用的"①。生态环境的优劣，往往会影响甚至制约生产力的发展。劳动生产率实际上同自然条件存在紧密联系，事实上，"劳动生产率的高低随自然条件的丰富程度而变化"②。而社会生产力的进步，又会反过来提升对自然的开发利用的水平，从而实现保护环境的目的。例如，生产力的进步能够使人类对石油等能源的利用更充分，通过减少生产排泄物达到对环境的保护。因此，人必须充分尊重自然，正确处理与自然之间的关系，在保护自然的同时发挥能动性，实现真正的发展。

（二）对资本主义的生态批判

马克思、恩格斯的自然观，是基于他们所处的资本主义社会中人与自然的关系而展开的。工业革命使社会生产力得到了飞跃式的进步，同时也使人对自然的征服与改造达到前所未有的水平。在马克思和恩格斯所处的时期，人与自然的关系空前对立，资本主义工业化暴露了资本主义的生态破坏本性，并反过来对人类社会造成负面影响，这促使马克思和恩格斯对资本主义展开深刻的生态批判。

首先，马克思和恩格斯剖析了资本主义生态问题产生的根本原因。马克思和恩格斯对资本主义生态破坏的批判直指问题的核心，即资本主义固有的生产方式和社会制度。在资本主义社会下，生产唯一和永恒的目的就是资本的积累和利润的最大化，因此生产方式和社会制度要为实现这一目的服务。人的劳动与自然资源是生产的必要条件，为了实现资本积累，它们被物化为实现资本积累的工具和消耗品。"以前的一切社会阶段都只表现为人类的地方性发展和对自然的崇拜。只有在资本主义制度下自然界才不过是人的对象，不过是有用物。"③ 同时，为了在资本主义竞争中取得胜利，资产阶级竭力对人的劳动和自然资源进行剥削压榨，通过降低生产成本获取最大利润，形成粗放型经济发展模式。在这种情况下，对自然的修复和保护、对个人劳动环境的改善是不"经济"的，不符合资本主义利润最大化的运行法则，只会被市场淘汰。而对自然资源的肆意攫取、将生

① 中共中央马克思恩格斯列宁斯大林著作编译局. 马克思恩格斯全集：第四十三卷 [M]. 北京：人民出版社，2016：642.

② 中共中央马克思恩格斯列宁斯大林著作编译局. 马克思恩格斯全集：第四十二卷 [M]. 北京：人民出版社，2016：526.

③ 中共中央马克思恩格斯列宁斯大林著作编译局. 马克思恩格斯文集：第八卷 [M]. 北京：人民出版社，2009：90.

产成本（废水、废气、废物）转嫁给自然的污染行为，则因为有利于资本增值而被争相采用。资本主义生产方式注定会筛选出那些不顾及生态利益、肆意掠夺和破坏自然的资本家，资本主义具有无法避免的反生态本性。

其次，马克思和恩格斯对资本主义造成的生态问题进行了直接的批判。一方面，资本主义生产方式造成了自然资源的破坏和枯竭。资本的盲目性和短视性使其趋向于毫无节制地从自然界掠夺资源，通过扩大化生产实现资本增值。同时，由于降低成本的要求和公地悲剧效应，作为经济人的资本家选择忽视对资源开发地的后续维护和弥补。资本主义生产"破坏着人与土地之间的物质变换，也就是使人以衣食形式消费掉的土地的组成部分不能回到土地，从而破坏土地持久肥力的永恒的自然条件"①。资本主义的贪婪使自然资源逐渐走向短缺和衰竭，最终反过来成为人类生产发展的桎梏。另一方面，资本主义生产污染了自然环境和人类生存环境。工业革命时期的工业生产高度依赖化石能源提供的动力，能源使用过程中产生的污染物则被工厂毫无顾忌地排放入自然环境中，造成空气、水源、土地污染。19世纪，英国的伦敦是世界上工业最发达的城市之一，同时也是煤烟污染最严重的城市之一。泰晤士河沦为工厂废水和废弃物的排放口，臭气熏天，肮脏不堪。这种工业生产造成的污染不仅严重破坏了自然环境，而且使当地人的生存环境急剧恶化，健康堪忧，被马克思形容为"住宅地狱"。

最后，必须通过"两个和解"实现人自由而全面的发展。在对资本主义生态破坏进行无情批判的基础上，马克思和恩格斯提出了他们对人与自然关系的期许，即实现人与自然、人与人的双重和解，在人与自然的和谐相处中实现人自由而全面的发展。在《国民经济学批判大纲》中，恩格斯指出："我们这个世纪面临的大转变，即人类与自然的和解以及人类本身的和解"②。而要实现"两个和解"，就必须先实现社会制度的变革，因为资本主义私有制和反生态本性决定了人与人、人与自然的矛盾是无法得到真正解决的。而在共产主义的制度下，人与人之间的阶级差异、劳动差异被消除，生产资料公有制能够克服资本主义劳动者与生产资料分离的基本

---

① 胡建. 马克思生态文明思想及其当代影响 [M]. 北京：人民出版社，2016：81.

② 中共中央马克思恩格斯列宁斯大林著作编译局. 马克思恩格斯全集：第三卷 [M]. 北京：人民出版社，2002：449.

矛盾，按需分配则能够解决生产无限性与资源有限性之间的矛盾。共产主义社会通过消除人的异化和自然的异化，真正解决了人与自然界之间、人与人之间的矛盾，实现了"两个和解"，从而推动人自由而全面的发展。

二、列宁的生态思想

列宁继承了马克思、恩格斯的生态思想，以辩证唯物主义的自然观为起点，结合其所处时代的特征和自身的革命实践，进一步发展了马克思主义生态思想。列宁的生态思想的创新之处在于他对垄断资本主义展开的生态批判以及对社会主义生态建设的探索实践。

（一）对垄断资本主义进行生态批判

列宁对资本主义的生态批判具有时代特色，他针对垄断资本主义时期生态危机具有的新特点，对这一阶段的资本主义进行了彻底的生态批判，为社会主义最终将取代资本主义提供了生态层面的理论支持。

首先，垄断资本主义社会下的生态问题具有世界性。垄断资本主义不同于以往的资本主义，它"靠垄断世界市场来攫取百分之几百的利润"①。这意味着，垄断资本主义通过不断扩张在世界范围内进行垄断。巨型垄断组织在国内将垄断"渗透到社会生活的各个方面"②，在国外通过工业化大生产的扩张在世界范围内实现自然资源的垄断。垄断资本主义疯狂攫取亚洲、美洲、非洲等的不发达国家的自然原材料，并在这些地方投资办厂，将本国能耗高、污染重的产业转移过去，在世界范围内造成严重的生态问题。实质上，资本主义国家通过这种方式不断转嫁生态问题，使生态问题披上世界性的面具，从而掩盖生态问题的根源——资本主义的生产方式。

其次，垄断利润驱使垄断资本主义更加无底线地掠夺世界范围内的自然物质资源。垄断利润"指垄断资本家凭借其在生产领域和流通领域中的垄断地位而获得的超过平均利润的高额利润。"③ 为了攫取垄断利润，垄断组织在世界范围内获取垄断地位，殖民地、半殖民地以及经济落后国家逐渐沦为垄断组织的原料产地、销售市场和投资场所。同时，列宁认为这一

---

① 中共中央马克思恩格斯列宁斯大林著作编译局. 列宁全集：第四十一卷 [M]. 北京：人民出版社，2017：17-18.

② 中共中央马克思恩格斯列宁斯大林著作编译局. 列宁全集：第二十七卷 [M]. 北京：人民出版社，2017：372.

③ 许涤新. 政治经济学辞典：中册 [M]. 北京：人民出版社，1980：19.

阶段竞争仍然存在，并且越发激烈和持久。这主要是因为垄断组织在对外竞争时获取了各自政府的支持。竞争的激烈化加剧了垄断组织对"许多国家以至全世界所有的原料来源"① 竭泽而渔式的掠夺。正所谓"资本主义愈发达，原料愈感缺乏，竞争和追逐全世界原料产地的斗争愈尖锐，抢占殖民地的斗争也就愈激烈。"② 在这一过程中，经济利益转移至帝国主义国家，留给被掠夺国家的只有枯竭的原料开采地和严重的生态问题。

最后，资本主义的严重的生态危机最终会导致资本主义制度的灭亡。资本主义造成人与自然紧张对立的关系，严重破坏了生态系统。同时，在这个过程中，人与自然都被异化为工具，失去了自己的本质，沦为资本主义生产系统中的零部件。列宁强调，资本主义对大自然的控制，本质是对社会中的人的控制，是资产阶级对无产阶级的控制。当进入垄断资本主义阶段时，这种控制就越加严密，人民全部经济生活条件受到垄断组织的支配，无产阶级的生存环境将更加恶劣。同时，不同垄断组织依靠本国政府在世界市场展开竞争，使这种竞争愈演愈烈，最后爆发为一场为争夺自然资源而展开的非正义的世界战争。帝国主义之间的资源争夺、每况愈下的生存环境、不断加重的生态危机等都促使无产阶级进行革命斗争，推翻资产阶级制度，通过实现社会主义从根源上解决生态危机。

列宁认为，这种异己的生产方式直接造成俄国小农经济模式的瓦解，进而促就了自然生态不断恶化的趋向。同时，在资本主义生产方式运作下，"机器劳动逐步代替手工劳动（总的来说，就是机器工业时代的技术进步）要求加紧发展煤、铁这些真正'制造生产资料的生产资料'的生产"③，进而在一定程度上破坏了生态系统。

（二）对社会主义国家生态建设的探索

列宁对于社会主义国家生态建设的探索与实践，是其在马克思主义生态思想的指导下，基于俄国国情对社会主义制度下人与自然关系的调整与发展，有力地促成了苏维埃俄国社会主义生态保护的良好局面。他倡导合理利用自然资源进行社会主义建设、大力推进环境保护立法实现对自然资

---

① 中共中央马克思恩格斯列宁斯大林著作编译局. 列宁全集：第二十七卷 [M]. 北京：人民出版社，2017：341.

② 中共中央马克思恩格斯列宁斯大林著作编译局. 列宁全集：第二十七卷 [M]. 北京：人民出版社，2017：395.

③ 中共中央马克思恩格斯列宁斯大林著作编译局. 列宁全集：第一卷 [M]. 北京：人民出版社，2013：83.

源的合理利用、强调社会主义制度下科学技术对改善生态环境的重要作用，从而对实现人与自然的和谐以及探索绿色发展提供了有益的理论视野。

第一，倡导合理利用自然资源进行社会主义建设。列宁对俄国进行社会主义建设的条件进行了分析，他认为俄国是一个落后的农业国，但"俄罗斯苏维埃联邦社会主义共和国所处的条件非常优越"①，拥有大量的矿石、燃料和木材。这使俄国能够很容易地从本土获取资源，靠消耗本国的自然资源降低工厂的生产成本，实现社会主义的不断发展。因此，合理地开发和利用自然资源进行工业化生产，是俄国进行社会主义建设、发展生产力的核心和关键。社会主义的本质决定了俄国对自然资源的开发是为了满足人民的需求，而不是为了追逐经济利益。因此它能够"只有按照一个总的大计划进行的、力求合理地利用经济资源的建设"②，通过有计划地对自然资源进行开发和利用，处理好人与自然的关系。

第二，大力推进环境保护立法实现对自然资源的合理利用。马克思和恩格斯曾批判人类对土地的盲目开垦，认为必须减少土地开垦对自然的破坏。列宁继承了这一理念，签署了一系列关于保护森林、土地、空气、矿产、狩猎区、自然遗迹等的相关法律。一方面，这些法律逐步实现了国家对自然资源所有权的公有化，使自然资源的所有权与使用权统一，避免盲目开发。他通过对土地资源的公有化，使"所有地下资源，如矿石、石油、煤炭、盐，等等，以及具有全国意义的森林和水流，归国家专用。"③另一方面，这些法律能够科学指导资源开发，实现了对环境的保护。例如1918年通过的《森林法》，就对破坏和侵占森林的行为进行了禁止，并要求地方机关有责任根据情况实现林地和农用地之间的动态转换，维持森林应占的比重。除此之外，列宁还十分重视通过建设和发展自然保护区的形式来保护那些特殊的自然生态环境资源。1920年，列宁在南乌拉尔建立了苏俄第一个自然保护区，该保护区同时具有生态保护和科学研究的功能，极大地推动了苏俄的环保运动发展。

---

① 中共中央马克思恩格斯列宁斯大林著作编译局. 列宁选集：第三卷 [M]. 北京：人民出版社，2012：490.

② 中共中央马克思恩格斯列宁斯大林著作编译局. 列宁全集：第三十五卷 [M]. 北京：人民出版社，2017：18.

③ 中共中央马克思恩格斯列宁斯大林著作编译局. 列宁全集：第三十三卷 [M]. 北京：人民出版社，2017：19.

第三，强调社会主义制度下科学技术对改善生态环境的重要作用。列宁批判资本主义对于技术的错误运用导致了严重的生态问题。资本主义盲目将科学技术应用于开发资源，只关注眼前的经济利益，而看不到将科学技术应用到环境上所能带来的生态利益。这种短视加重了资本主义的生态危机，破坏了生态平衡。但列宁并不否认科学技术的价值，他强调要审慎应用科学技术，充分挖掘科学技术在改善生态环境、保护生态资源方面的作用。例如，列宁曾盛赞化学家威廉·拉姆塞发明的煤气提取法，并认为在社会主义制度下，这项发明不仅能够缩短工人的工作时间，而且能够通过"所有工厂和铁路的'电气化'"[①] 改善工人的劳动环境和劳动条件，为生态环境的改善贡献力量。

第二节　中国共产党对绿色发展的理论探索

中国共产党人继承了马克思主义的生态思想，并在此基础上根据中国国情，对绿色发展进行了不懈的理论探索。人与自然和谐共生的绿色发展本质上是中国共产党人在新时代对绿色发展进行探索创新的产物，深受中国共产党此前理论探索成果的滋养。

一、毛泽东关于绿色发展的相关论述

以毛泽东同志为主要代表的中国共产党人，领导人民经历了从新民主主义革命到社会主义建设的巨大跨越，在这一过程中对绿色发展进行了有益的实践探索，形成了一系列关于绿色发展的相关论述。具体来说，这些论述包括实践视角下的辩证自然观、厉行节约的生产消费观和绿化祖国的环境保护观。

（一）实践视角下的辩证自然观

毛泽东基于马克思主义的立场，以实践的视角观察人与自然之间的关系，形成了具有突出实践性的辩证自然观。

首先，实践视角下的辩证自然观强调人与自然辩证统一的关系。一方

---

① 中共中央马克思恩格斯列宁斯大林著作编译局. 列宁全集：第二十三卷 [M]. 北京：人民出版社，2017：94.

面，毛泽东很早就认识到"人类者，自然物之一也"①，人类生于自然，长于自然，需要从自然界获取生存发展的必要物质资料。同时，脱离人而存在的自然是毫无意义的，"一切物质因素只有通过人的因素，才能加以开发利用"②，而那些远离人类不被人利用的自然，往往会逐步荒废。毛泽东在寻乌地区展开调查研究时，就认识到此地百分之七十的山，都因为远离人类难以开发或者"姓界限制"不许开发沦为荒山，失去了价值③。另一方面，人与自然又是相互对立的。人类通过实践与自然产生关系的过程，同时也是人作为主体对作为客体的自然施加影响的过程，往往会遭遇自然界反作用的"抵抗力"。毛泽东指出："人去压迫自然界，拿生产工具作用于生产对象，自然界这个对象要作抵抗，反作用一下，这是一条科学。"④可见毛泽东对人与自然对立统一关系的把握。

其次，实践视角下的辩证自然观强调实践是人与自然联系的关键。毛泽东认为，人从"不能将自己同外界区别"到"逐渐使自己区别于自然界"，依靠的是"人能制造较进步工具而有较进步生产"⑤，也就是人进行物质生产的实践的结果。在这个过程中，实践是关键的中介，是人开发和利用自然的过程。实践的进步意味着生产力的发展、人改造自然能力的进步，从某种意义上来说，也就是人与自然关系日益紧密的表现。

最后，实践视角下的辩证自然观强调人要认识和利用自然规律，用自然科学改造自然。"自然有规定吾人之力，吾人亦有规定自然之力，吾人之力虽微，而不能谓其无影响自然。"⑥毛泽东认可人的主观能动性，同时鼓励人要发挥自身的主观能动性，力争人定胜天。但个人主观能动性的发挥，必然建立在对自然充分认识的基础之上。他指出，如果缺乏或错误地认识自然界，人在实践过程中"就会碰钉子，自然界就会处罚我们，会抵抗"⑦。因此，人必须"逐渐地了解自然的现象、自然的性质、自然的规律

---

① 中共中央文献研究室，中共湖南省委《毛泽东早期文稿》编辑组. 毛泽东早期文稿 [M].
长沙：湖南人民出版社，1990：194.

② 毛泽东. 毛泽东文集：第七卷 [M]. 北京：人民出版社，1999：34.

③ 毛泽东. 毛泽东文集：第一卷 [M]. 北京：人民出版社，1993：202.

④ 毛泽东. 毛泽东文集：第七卷 [M]. 北京：人民出版社，1999：448.

⑤ 毛泽东. 毛泽东文集：第三卷 [M]. 北京：人民出版社，1996：82.

⑥ 萧三. 毛泽东同志的青少年时代 [M]. 北京：中国青年出版社，1979：48.

⑦ 毛泽东. 毛泽东文集：第八卷 [M]. 北京：人民出版社，1999：72.

性、人和自然的关系"①，借助这些规律正确处理人与自然之间的矛盾，更好地利用和改造自然，实现人的解放。毛泽东还充分肯定了自然科学在这一过程中的作用。自然科学本质是更高层次的自然规律，意味着人对自然认识加深。人从必然王国到自然王国的飞跃，必须借助自然科学的力量，"用自然科学来了解自然，克服自然和改造自然，从自然里得到自由"②。

（二）厉行节约的生产消费观

厉行节约的生产消费观是毛泽东关于绿色发展相关论述的重要内容，毛泽东根据中国共产党面临的生产发展境况，强调在生产消费问题上厉行节约，通过节约资源和节约消费的方式实现生产发展。

毛泽东提出通过节约资源的方式推动生产发展。毛泽东认为自然界的物质资源是国家生产发展的先决要素，"天上的空气，地上的森林，地下的宝藏，都是建设社会主义所需要的重要因素"③。自然界为社会主义工农业生产提供了必需的原料，然而这些原料却不是无限的。为了尽可能节约资源、推动生产，毛泽东在《工作方法六十条（草案）》中针对工业生产提出"节约原材料"和"资源综合利用"④ 的纲要意见。其中，节约原材料能够"适当降低成本和造价"⑤，充分利用有限资源实现增加生产的目标，是资源利用效率最大化的体现；资源综合利用则是通过工业生产体系化链条化，使资源能够在不同工厂中循环利用，将资源利用率与复用率最大化。相较而言，节约原材料更易践行推广，资源综合利用则"大有文章可做"⑥。两者都是在生产过程中厉行节约，以此推动生产进步。

毛泽东将厉行节约贯彻到消费方式中，以节约消费助力生产发展。消费是经济链条中的最后一环，它不仅体现出资源的最后利用情况，而且会反过来对生产产生导向性作用。因此，毛泽东十分重视树立厉行节约的消费观，坚决反对奢侈浪费的行为。他将"厉行节约、反对浪费"⑦ 看作实现国家富强的重要方针，一方面在全国范围内推行爱国增产节约运动，鼓励全体人民参与进来使勤俭节约成为社会主义社会的全新风尚；另一方面

① 毛泽东. 毛泽东选集：第一卷 [M]. 北京：人民出版社，1991：282.
② 毛泽东. 毛泽东文集：第二卷 [M]. 北京：人民出版社，1993：269.
③ 毛泽东. 毛泽东文集：第七卷 [M]. 北京：人民出版社，1999：34.
④ 毛泽东. 毛泽东文集：第七卷 [M]. 北京：人民出版社，1999：345.
⑤ 毛泽东. 毛泽东文集：第七卷 [M]. 北京：人民出版社，1999：160.
⑥ 陈东林. 中国共产党与三线建设 [M]. 北京：中共党史出版社，2014：137.
⑦ 毛泽东. 毛泽东文集：第七卷 [M]. 北京：人民出版社，1999：240.

则推动"三反"运动，坚决与浪费做斗争。在毛泽东看来，浪费与贪污是相互联系的，浪费所造成的损害远远大于贪污。同时，公职人员利用职权进行贪污和浪费则毫无疑问是犯罪的行为，必须对实施浪费行为的人进行严惩，要"采取办法坚决地反对任何人对于生产资料和生活资料的破坏和浪费，反对大吃大喝，注意节约"①。

（三）绿化祖国的环境保护观

毛泽东关注长远的生态利益，聚焦未来的可持续发展，而不拘泥于一时的经济发展，逐步形成了"绿化祖国"的环境保护观，提出通过植树造林为人民提供更加适宜的生态环境，同时为工农业发展提供保障。

新民主主义革命时期，毛泽东已经开始关注绿化问题。他提出砍伐树木只能砍树枝，"要砍树身须经政府批准"②，以此防止农民过度开采破坏生态。中央苏区时期，临时政府委员会通过了毛泽东等人签署的《对于植树运动的决议案》。该决议案充分肯定了植树的价值，认为这"既有利于土地的建设，又可增加群众之利益"③，提出通过运动竞赛的方式鼓励群众积极植树。1944年，毛泽东在延安大学开学典礼上再次提出了植树造林的计划。他针对陕北山头无树的情况，提出要有计划地发动广大人民种树，"十年树木，百年树人"④。

新中国成立之后，毛泽东提出了"植树造林，绿化祖国"的号召。在毛泽东看来，植树造林兼顾生态利益与经济利益，不仅能够美化人民生活环境，而且能够推动工农业的生产发展，带来长远的利益。毛泽东极具前瞻性地批准下发了《中共中央、国务院、中央军委、中央文革小组关于加强山林保护管理、制止破坏山林、树木的通知》，这份通知指出："森林既是社会主义建设的重要资源，又是农业生产的一种保障。积极发展和保护森林，对于促进我国工、农业生产具有重要意义。"⑤ 因此，他将"绿化荒山和村庄"⑥看作农村经济规划的重要组成部分，并拟定具体的绿化计划。在毛泽东起草的《工作方法六十条（草案）》中，他要求计算各省、各专

---

① 毛泽东. 毛泽东选集：第四卷 [M]. 北京：人民出版社，1991：1314.

② 毛泽东. 毛泽东农村调查文集 [M]. 北京：人民出版社，1982：237.

③ 中共中央文献研究室，国家林业局. 毛泽东论林业（新编本）[M]. 北京：中央文献出版社，2003：11.

④ 毛泽东. 毛泽东文集：第三卷 [M]. 北京：人民出版社，1996：153.

⑤ 曹前发. 毛泽东生态观 [M]. 北京：人民出版社，2013：10.

⑥ 毛泽东. 毛泽东文集：第六卷 [M]. 北京：人民出版社，1999：475.

区、各县的林业覆盖面积比例，"做出森林覆盖面积规划"①。同时，毛泽东也认识到，绿化祖国不可能一蹴而就，而是一个具有长期性的大型工程，需要几代人的共同努力。他所要求的是以马克思主义者的态度尽最大努力做好这件事，为实现持续发展做出当代人的努力。

二、邓小平关于绿色发展的相关论述

改革开放以后，中国实现了经济的高速发展，然而粗放型发展方式也带来了日益严重的生态环境问题。以邓小平同志为主要代表的中国共产党人针对生态环境问题，开始探索能够平衡经济和生态的绿色发展路径。邓小平关于绿色发展的相关论述包括人口与资源平衡观、生态环境保护法制观和绿色引领的科技观。

（一）人口与资源平衡观

绿色发展的核心问题是人与自然的关系问题，而解决这一问题就必须先处理好人口与资源之间的关系问题。改革开放以后，中国共产党必须在底子薄、人口多、耕地少的基本国情下实现发展，需要突破人均资源低对发展的掣肘。因此，邓小平提出人口与资源平衡观。

邓小平认为在生产力还不够发达的条件下，人口与资源之间的矛盾会带来吃饭、教育和就业等方面的严重问题。换言之，有限的资源无法满足庞大的人口所创造的需求，人口会不断挤压社会和生态环境，使之难以为继。因此，邓小平提出要实现人口和资源的平衡。首先，践行人口和资源平衡观需要必要的物质基础，这通过国家财政支持得以体现。其次，践行人口和资源平衡观需要以政策控制为推动力，这通过成立专门机构和立法得以体现。最后，践行人口和资源平衡观需要转变思想，这通过宣传工作得以体现。邓小平提出的人口和资源平衡观建立在稳固的物质基础、强大的推动力和必要的思想支持上，体现出人与自然和谐的绿色发展理念。

（二）生态环境保护法制观

生态环境保护不是暂时性的权宜之计，而是实现绿色发展必须始终坚持的长远战略。因此，邓小平强调要通过完善法律实现生态环境保障，由此建立起生态环境保护法制观，使生态环境保护能够借助法律力量持久规范推进。

---

① 毛泽东. 毛泽东文集：第七卷 [M]. 北京：人民出版社，1999：362.

邓小平在 1978 年明确指出"现在的问题是法律很不完备，很多法律还没有制定出来。"① 而法制化是推进生态环境保护的重要一环，因此国家应当及时制定出台森林法、草原法、环境保护法等加强生态环境保护的法律法规，彻底解决我国生态环境保护无法可依、无章可循的情况，以法制化形式确保我国环境保护事业能够不断前进、长远发展。1979 年，我国通过了《中华人民共和国环境保护法（试行）》。1982 年通过的《中华人民共和国宪法》明确规定"国家保护和改善生活环境和生态环境，防治污染和其他公害"，环境保护具有了最高法律的保障。与此同时，邓小平也强调借助法律力量推行植树造林，保护林业。他认为，国家应当采取支持性措施，发挥法律的强制性力量，要针对植树问题"提出个文件，由全国人民代表大会通过，或者由人大常委会通过，使它成为法律。及时实行，总之，要有进一步的办法。"② 1981 年，全国人大审议通过《关于开展全民义务植树运动的决议》，义务植树由此具有法律效力，人民植树造林、保护环境的自觉性得到增强。由此，邓小平在实践中形成了生态环境保护法制观。

（三）绿色引领的科技观

科学技术是第一生产力，科学技术的绿色化、生态化有利于绿色生产力的形成，这是实现绿色发展的必要途径。在改革开放初期，邓小平强调发挥科学技术在生态农业、资源利用等方面的绿色化引领作用，由此形成了绿色引领的科技观，推动我国不断朝绿色发展方向前进。

一方面，邓小平重视科学技术在农业领域方面发挥的绿色引领作用。他认为发展农业要依靠科学技术，"将来农业问题的出路，最终要由生物工程来解决，要靠尖端技术"③。因为科学技术能够显著提高农业生产力，解决我国人多地少导致的粮食短缺问题。1990 年，邓小平又针对农业改革发展提出了"两个飞跃"。其中，"第二个飞跃，是适应科学种田和生产社会化的需要，发展适度规模经营，发展集体经济。"④ 科学种田或者说利用科学技术发展农业，能够在减少对土地资源损害的同时实现增收，促进人

---

① 邓小平. 邓小平文选：第二卷 [M]. 北京：人民出版社，1994：146.

② 中共中央文献研究室. 邓小平思想年编：一九七五——一九九七 [M]. 北京：中央文献出版社，2011：386

③ 邓小平. 邓小平文选：第三卷 [M]. 北京：人民出版社，1993：275.

④ 邓小平. 邓小平文选：第三卷 [M]. 北京：人民出版社，1993：355.

类经济社会的发展，这是实现生态平衡的重要力量。

另一方面，邓小平十分注重科学技术在环境保护和资源利用方面的绿色引领作用。邓小平同毛泽东一样，注重对资源的综合利用和环境保护，但他更加强调科技在其中的作用。1978 年 9 月，邓小平在大庆 30 万吨乙烯会战指挥部视察，指出要用新的生产设备，把"三废"处理好，不要造成环境污染和浪费①。他在唐山视察时，鼓励对钢厂、煤矿的余热、废气等工业"三废"进行综合利用。这实质上是强调利用科技手段提高资源的利用率，实现环境保护。他提出，"解决农村能源，保护生态环境等，都要靠科学"②。邓小平在不同场合多次提出利用科学技术推进水力发电、核力发电、沼气能源等的发展，致力于推进资源利用朝循环、绿色、清洁化方向发展，发挥科学技术的绿色引领作用。

三、江泽民关于绿色发展的相关论述

20 世纪 90 年代，经济发展带来了愈发突出的资源和环境问题。长此以往，经济社会的发展将最终走向"人口增长失控、过度消耗资源、破坏生态环境"③。因此，以江泽民同志为主要代表的中国共产党人着力探索兼顾经济发展与环境保护的新发展方式，朝绿色发展方向不断迈进。江泽民一方面提出了可持续发展战略，另一方面形成生态环境保护的国际合作观，深刻把握了绿色发展的应有之义，为形成体系化的绿色发展奠定了良好的基础。

（一）可持续发展战略

可持续发展战略的重心在于"可持续"，即能够满足代际发展的需要，实现未来社会的永续发展。江泽民清晰地指出："可持续发展，就是既要考虑当前发展的需要，又要考虑未来发展的需要，不要以牺牲后代人的利益为代价来满足当代人的利益。"④ 经济社会发展和人口、资源、环境有着密切的关系，这就要求我们必须统筹处理好四者之间的关系，实现可持续发展。

---

① 钟文，鹿海啸. 百年小平：下卷 [M]. 北京：中央文献出版社，2004：451.
② 中共中央文献研究室. 邓小平思想编年史：一九七五——一九九七 [M]. 北京：中央文献出版社，2011：449.
③ 江泽民. 江泽民文选：第三卷 [M]. 北京：人民出版社，2006：461.
④ 江泽民. 江泽民文选：第一卷 [M]. 北京：人民出版社，2006：518.

首先，可持续发展战略要求控制人口的增长。江泽民继承了邓小平在人口控制方面的理念，认为盲目膨胀人口不仅会给经济建设带来压力，影响当代人的生活水平，还会破坏资源和环境，影响后代人的发展。因此，"要实现可持续发展，首先必须合理控制人口规模"①。江泽民强调要继续坚定不移贯彻计划生育的基本国策，同时致力于形成良好的人口环境，实现可持续发展。其次，可持续发展战略要求节约资源，提高资源利用效率。自然资源是人类经济社会发展不可或缺的要素。为了后代的发展需要，必须节约使用资源，使之物尽其用，"决不能走浪费资源、先污染后治理的路子，更不能吃祖宗饭、断子孙路"②。江泽民也十分重视提高资源的利用效率，使工业和农业的生产达到高效低耗的目标，"农业要高产、优质、高效、低耗，工业要讲质量、讲低耗、讲效益"③。再次，可持续发展战略要求保护生态环境。环境保护"是关系我国长远发展的全局性战略问题"④。江泽民一针见血地指出："保护资源环境就是保护生产力，改善资源环境就是发展生产力"⑤，健康可持续的经济发展必然要建立在生态环境良性循环的基础上。为此，他要求通过宣传教育的方式加强人民群众保护环境的自觉意识，同时对于那些已经形成的资源破坏、环境恶化趋势，要及时坚决地进行扭转。最后，可持续发展战略还强调调整消费结构，要使消费结构朝有利于环境和资源保护的方向发展。具体来说，可持续发展战略要求在消费端建立起节约、环保的意识，协调消费与生产的关系，通过使消费者建立起正确的消费观念，持续推动实现可持续发展。

（二）生态环境保护的国际合作观

改革开放以后，中国逐步融入经济全球化的世界趋势之中。随着与世界其他国家联系的加深，中国逐步认识到，生态危机是一种世界性的危机，需要世界各国携手应对。为此，江泽民致力于推动生态保护的国际合作，形成了生态环境保护的国际合作观。

江泽民多次在国际会议上强调"国际上的相互配合和密切合作"⑥ 对

---

① 江泽民. 江泽民文选：第一卷 [M]. 北京：人民出版社，2006：519.
② 江泽民. 论科学技术 [M]. 北京：人民出版社，2001：22.
③ 江泽民. 江泽民文选：第一卷 [M]. 北京：人民出版社，2006：533.
④ 江泽民. 江泽民文选：第一卷 [M]. 北京：人民出版社，2006：532.
⑤ 中共中央文献研究室. 江泽民论有中国特色社会主义（专题摘编）[M]. 北京：中央文献出版社，2002：282-295.
⑥ 江泽民. 江泽民文选：第一卷 [M]. 北京：人民出版社，2006：480-481.

解决全球性问题有重要意义。他认为，包括环境保护在内的一系列全球性问题，都是相互依存的，因此"无一不需要开展合作，需要有共同遵守的规范"①。在此基础上，江泽民强调生态保护领域的国际合作是一种有着责任区别的合作：一方面，发达国家应当对生态环境问题承担更多的责任。"发达国家对其在工业化、现代化过程中造成的生态环境恶化是欠了债的，理所当然地应对环境保护做出更大贡献"②。发达国家应当充分发挥自己所具有的经济和科技优势，用发达的绿色技术为世界环境问题的解决提供更优质的渠道。另一方面，发展中国家也应当努力在生态环境保护中发挥作用。发展中国家应当在发展经济的同时注意生态环境问题，配合国际生态保护合作，积极承担自身的环境保护责任。1992 年，中国在联合国环境与发展大会上签署了《联合国气候变化框架公约》和《生物多样性公约》，会后又率先制定实施《中国 21 世纪议程》，表明自身将"积极参与全球环境保护行动，在温室气体控制、臭氧层损耗物质的替代品和替代技术开发利用、防止有毒有害化学品和废物污染与越境转移、保护海洋环境和生物多样性等方面，扩大与国际社会的交流与合作"③。在 1999 年国际保护臭氧层大会上，江泽民表示，中国"愿意在公平、公正、合理的基础上，承担与我国发展水平相适应的国际责任和义务，为促进全球环境和发展事业做出应有的贡献"④。这些都充分表现出中国推动生态保护的国际合作、坚持绿色发展道路的意愿与决心。

四、胡锦涛关于绿色发展的相关论述

进入 21 世纪以来，资源环境对于我国发展的掣肘越来越凸显，生态环境问题对人民生产生活的影响日益明显。党对于生态环境问题的认识不断深入，关于解决生态环境问题、探索全新发展之路的需求愈发迫切。以胡锦涛同志为主要代表的中国共产党人充分借鉴国外生态环境发展经验，结合中国发展的实际情况，推动绿色发展不断走向科学化。具体来说，胡锦涛关于绿色发展的相关论述主要包括科学发展观和生态文明建设理念

---

① 江泽民. 江泽民文选：第一卷 [M]. 北京：人民出版社，2006：415.
② 江泽民. 江泽民文选：第一卷 [M]. 北京：人民出版社，2006：480.
③ 本书编写组. 中国 21 世纪议程：中国 21 世纪人口、环境与发展白皮书 [M]. 北京：中国环境科学出版社，1994：11.
④ 中共中央文献研究室. 江泽民思想年编：一九八九—二〇〇八 [M]. 北京：中央文献出版社，2010：437.

两方面的内容。

(一) 科学发展观

党的十六大提出全面建设小康社会的目标之一是"可持续发展能力不断增强"[1]，这为中国未来的绿色发展道路指明了方向。但是我国关于如何贯彻实施可持续发展战略的认识仍然不够清晰，相关工作缺乏科学的指导，以胡锦涛同志为主要代表的中国共产党人据此提出科学发展观，从方法论层面进一步深化了绿色发展的内涵和外延。科学发展观坚持以人为本，强调全面、协调、可持续的发展，具有鲜明的绿色发展特征。

科学发展观的核心是以人为本，这彻底否定了过去唯 GDP 发展的模式，更加突出人民主体地位和人的全面发展需要。"坚持以人为本，就是要以实现人的全面发展为目标，从人民群众根本利益出发谋发展、促发展"[2]。对于人民来说，经济利益与生态利益同样重要，前者关系生活的基本水平，后者关系生活的根本质量。以人为本的科学发展观要求党和国家统筹人民的经济利益和生态利益，实现两者的统一。因此，科学发展观一方面要求坚持以经济建设为中心，实现生产力的发展，为人民提供良好的物质生活基础；另一方面注重生态环境保护和能源资源节约，"为人民创造良好生产生活环境"[3]。

科学发展观提出全面、协调、可持续的发展要求。其中，全面发展注重在以经济建设为中心的前提下全面推进经济、政治、生态等各个领域的发展建设。全面发展是党和国家对经济发展与其他领域发展不平衡的反思，生态建设的地位得到了显著提升。"树立和落实科学发展观，必须在经济发展的基础上，推动社会全面进步和人的全面发展"[4]。协调发展要求在城乡之间、区域之间、国内外之间、人类社会与自然之间建立起协调关系。协调发展实质上是注重整体发展，注重人与自然关系的和谐，经济发展与生态保护之间的协调。可持续发展注重通过实现经济发展与人口、资源、环境等要素的协调，最终实现人类永续发展。这就要求转变发展观念、创新发展模式、提高发展质量，不断对发展方式进行结构优化，使发

---

[1] 江泽民. 全面建设小康社会 开创中国特色社会主义事业新局面：在中国共产党第十六次全国代表大会上的报告 [M]. 北京：人民出版社，2002：20.

[2] 胡锦涛. 胡锦涛文选：第二卷 [M]. 北京：人民出版社，2016：166-167.

[3] 胡锦涛. 胡锦涛文选：第三卷 [M]. 北京：人民出版社，2016：610.

[4] 胡锦涛. 胡锦涛文选：第二卷 [M]. 北京：人民出版社，2016：168.

展模式从高消耗高污染朝低碳循环可持续的方向发展。总的来说，科学发展观是通过提高经济增长的质量和效益实现速度和结构、质量、效益的统一，将人民的长远的生态利益与当前的经济利益进行统筹，从本质上说是一种绿色发展。

（二）生态文明建设理念

以胡锦涛同志为主要代表的中国共产党人在对绿色发展进行探索的过程中，提出了生态文明建设的理念。党的十七大将建设生态文明看作一项重要的战略任务，它表明进入 21 世纪以来，中国共产党不断平衡生态环境保护与经济发展的权重，将生态环境建设提升到人类文明的高度，不仅丰富了人类文明的内涵，而且拓展了绿色发展的深度。

首先，生态文明建设理念在经济层面要求转变经济增长方式。胡锦涛明确提出要"要彻底改变以牺牲环境、破坏资源为代价的粗放型增长方式"①，转向高技术、高效益、低污染、低消耗的经济增长方式，推进绿色、低碳、循环的发展。经济增长方式的转变，能够有力打破能源资源瓶颈制约，提升经济发展质量，实现经济增长的良性循环，从根本上使经济发展与环境污染脱钩。

其次，生态文明建设理念在社会层面要求建设"两型"社会。"建设生态文明，实质上就是要建设以资源环境承载力为基础、以自然规律为准则、以可持续发展为目标的资源节约型、环境友好型社会。"② 生态文明作为人类文明的一种形态，需要在人类社会中得到落实，要求建设体现生态环境保护理念的社会。胡锦涛所提出的"两型"社会着眼于掣肘经济社会发展的资源和环境因素，在社会建设层面统筹协调资源、环境与经济社会发展之间的关系，进一步强调了绿色发展的战略地位。

最后，生态文明建设理念在思想层面要求在全社会树立起生态文明观念。观念是行动的先导，在全社会落实生态文明建设，必须从人民群众的思想观念着手。只有当人民群众充分树立起节约、环保、循环的绿色生活理念，认识到生态文明的价值和意义，生态文明建设的工作才能顺畅开展。因此，胡锦涛提出必须"加强生态文明宣传教育，增强全民节约意识、环保意识、生态意识，形成合理消费的社会风尚，营造爱护生态环境

---

① 胡锦涛. 在中央人口资源环境工作座谈会上的讲话 [J]. 国土资源通讯，2004（5）：4-7.
② 胡锦涛. 胡锦涛文选：第三卷 [M]. 北京：人民出版社，2016：6.

的良好风气。"①

五、习近平关于绿色发展的相关论述

党的十八大以来，中国特色社会主义进入了新时代，社会的主要矛盾发生了变化。人民对美好生活的需求和现实经济发展面临的生态瓶颈都要求中国实现发展转型，建设生态文明。以习近平同志为核心的党中央在理论上深度探索经济发展与生态环境保护之间的辩证关系，提出了绿色发展的"两山"论，在实践中推进绿色发展的全方位建设，建立和完善了绿色发展体制机制，在探索实践的过程中形成和丰富了习近平关于绿色发展的相关论述。

（一）绿色发展的"两山"论

绿色发展的核心问题就是经济发展与生态环境保护之间的关系问题。党的历届领导集体对于这一问题都进行了具有时代性的论述，习近平总书记在继承前人理论的基础上提出"绿水青山就是金山银山"的科学论断，用"两山"论生动诠释了两者的辩证统一关系。

早在2006年，习近平总书记就指出，中国在实践发展过程中对"两山"关系的认识经历了三个阶段的发展变迁。第一个阶段是"用绿水青山去换金山银山"②，不顾环境承载力而一味索取发展所需的资源，造成污染和浪费，对长远的生态利益产生了不利的影响。第二个阶段是"既要金山银山，也要绿水青山"③，人们意识到生态环境是实现生产生活的根本所在，试图在经济发展与生态环境保护之间寻求平衡，解决两者之间的矛盾。第三个阶段是"绿水青山本身就是金山银山"④，人们认识到良好的生态环境本身就蕴含着巨大的经济潜力，是一种可被开发的生产力。对"两山"关系认识的渐进演变表明，过去那种将经济发展与环境保护完全对立的观点是片面的，经济发展与环境保护实质上是一种辩证统一的关系。因此中国的绿色发展要求"两山"并重，同时促成经济"绿色化"与绿色"经济化"。

"两山"论在实践中得到滋养与充实，进一步深化了对"经济发展和

---

① 胡锦涛. 胡锦涛文选：第三卷 [M]. 北京：人民出版社，2016：646.
② 习近平. 之江新语 [M]. 杭州：浙江人民出版社，2007：186.
③ 习近平. 之江新语 [M]. 杭州：浙江人民出版社，2007：186.
④ 习近平. 之江新语 [M]. 杭州：浙江人民出版社，2007：186.

生态环境保护的辩证统一关系"的认识。首先，在两者权重问题上，"既要金山银山，也要绿水青山"。经济发展具有更为根本的价值和意义，在与生态环境保护构成的关系中居于重心位置。习近平总书记指出："以经济建设为中心是兴国之要，发展是党执政兴国的第一要务，是解决我国一切问题的基础和关键。"① 我国的基本国情和主要矛盾都决定了发展在现阶段所具有的优先地位。但是，生态环境保护的权重正在不断增加，并且与发展的基本理念进行深度融合，业已成为发展的题中应有之义。绿色发展强调的是经济与生态的"双赢"。其次，在两者优先问题上，"宁要绿水青山，不要金山银山"。经济与生态毕竟是不同的事物，具有对立矛盾的属性。在具体的现实实践过程中，经济发展与生态环境保护也会进入"零和"关系。当面临非此即彼的选择时，习近平总书记指出应当坚持生态优先，决不为了眼前的经济利益牺牲长远的生态利益。人与自然是生命共同体。"生态环境没有替代品，用之不觉，失之难存"②，以生态为代价展开的发展最终会因小失大，对长远发展造成打击。因此，在经济发展与生态环境保护的优先问题上，应当树立大局观、长远观、整体观，坚持生态优先、保护优先。最后，在两者的转化问题上，"绿水青山就是金山银山"。经济发展与生态环境保护具有有机统一的关系，一方面，生态优势可以被转化为经济优势，两者的和谐统一是更高层次的发展，也是绿色发展所追求的境界。生态环境也是一种生产力，它能够带动诸如乡村旅游等特色产业的发展，具有许多可供挖掘的经济增长点。另一方面，良好的生态环境能够源源不断地为人类发展提供必要的物质资源，使经济发展可持续性增强。从长远的角度来看，当下展开的生态环境保护就是实现未来经济发展的必要条件。两者是密不可分的整体，必须统筹金山银山与绿水青山，探索实现双赢的绿色发展之路，推动形成绿色发展方式和生活方式，"让良好生态环境成为人民生活的增长点、成为经济社会持续健康发展的支撑点、成为展现我国良好形象的发力点。"③

（二）绿色发展的全方位建设

习近平总书记在继承前人关于绿色发展的探索成果的基础上，全面拓展了绿色发展涉及的领域。习近平总书记指出："我们要把生态文明建设

---

① 习近平. 习近平谈治国理政：第二卷 [M]. 北京：外文出版社，2017：234.
② 习近平. 习近平谈治国理政：第三卷 [M]. 北京：外文出版社，2020：360.
③ 习近平. 论坚持人与自然和谐共生 [M]. 北京：中央文献出版社，2022：168.

放在突出位置，融入经济建设、政治建设、文化建设、社会建设各方面和全过程。"① 因此，绿色发展理念作为生态文明建设的重要内容，并不局限于经济和生态领域，而是一个必须系统推进的全方位建设工程，呼唤经济、政治、文化、社会以及生态领域共同的绿色发展。

第一，绿色发展意味着绿色经济发展。这是绿色发展最初的含义，它要求转变过去粗放型经济发展模式，建立起高质量、低成本、低污染的经济发展模式。这一目标的实现，需要"依靠科技创新破解绿色发展难题，形成人与自然和谐发展新格局"②。绿色科技是绿色发展的重要支撑，能够为经济发展提供更加绿色清洁的替代方案。同时，习近平总书记也强调"建立健全绿色低碳循环发展经济体系"③，注重通过发展低碳经济、循环经济实现绿色发展。低碳强调节能减排，侧重从能源端着手减少温室气体排放；循环强调变废为宝，将工业废品转化为再生资源，实现对资源的又一轮循环利用。它们能够与绿色科技一起构建环境友好型经济，从而实现绿色经济发展。

第二，绿色发展意味着绿色政治发展。习近平总书记指出："我们不能把加强生态文明建设、加强生态环境保护、提倡绿色低碳生活方式等仅仅作为经济问题。这里面有很大的政治。"④ 一方面，绿色发展本身就蕴含着中国共产党以人民为中心的政治理念，是中国共产党"三个代表"重要思想的重要表现。另一方面，政治维度的绿色发展要求营造良好的政治生态环境，转变过去唯 GDP 论的畸形政绩观。"要看 GDP，但不能唯 GDP。GDP 快速增长是政绩，生态保护和建设也是政绩"⑤。中国共产党要以绿色发展的理念审视自身，不断自我革命保持风清气正的政治生态，以人民的根本利益为行动指南，实现政治的持续性发展。

第三，绿色发展意味着绿色文化发展。绿色文化发展秉持人与自然和谐共生的价值观念，强调通过塑造环境友好、低碳循环的绿色文化，为落实绿色发展提供思想文化层面的支持。塑造绿色文化，一方面要求创造良

---

① 中共中央文献研究室. 习近平关于社会主义生态文明建设论述摘编 [M]. 北京：中央文献出版社，2017：43.

② 习近平. 为建设世界科技强国而奋斗 [N]. 人民日报，2016-6-1 (02).

③ 习近平. 习近平谈治国理政：第四卷 [M]. 北京：外文出版社，2022：371.

④ 中共中央文献研究室. 习近平关于全面深化改革论述摘编 [M]. 北京：中央文献出版社，2014：103.

⑤ 习近平. 之江新语 [M]. 杭州：浙江人民出版社，2007：30.

好的绿色物质文化，将大自然融入乡村、城市建设；另一方面则要求发展良好的绿色精神文化，通过加强生态文明宣传教育，促使人民的价值观实现绿色发展转向。习近平总书记指出："要加强生态文明宣传教育，增强全民节约意识、环保意识、生态意识，营造爱护生态环境的良好风气。"① 这要求通过培植有利于绿色发展的绿色文化，使绿色发展理念深入人心，成为文化风尚。

第四，绿色发展意味着绿色社会发展。绿色社会意味着将绿色发展看作增进民生福祉的重要路径，强调在社会建设层面融入绿色环保的内容，建设"两型"社会，构建美丽中国。绿色社会发展直接影响生态环境的发展情况。而"良好的生态环境是人类生存与健康的基础"②，是人民生存权和发展权所依赖的重要物质基础，因此也是改善和保障民生、实现社会发展的重要条件。同时，"良好生态环境就是最公平的公共产品"③，是全体人民共同公平享有的社会资源。绿色社会发展能够为人民持续稳定地提供这一公共产品，并不断提高供给质量。

第五，绿色发展意味着绿色生态发展。绿色生态发展是绿色发展的基本内涵，绿色发展要求协调经济发展与环境保护之间的关系，促成人与自然的和谐共生。绿色生态发展一方面要求"着力解决突出环境问题"④，深入开展污染防治行动，坚持全民共治、源头防治、综合施策，持续打好蓝天、碧水、净土保卫战，切实解决已经存在的环境问题；另一方面则要求不断加强对生态环境的保护，不断提高生态系统的自我修复能力与稳定性，从而实现生态系统的整体改善，确保生态安全。

（三）绿色发展体制机制

习近平总书记充分肯定了体制机制具有"长久管用、能调动各方面积极性"⑤ 的积极作用，在新时代必须要通过体制机制的建设和完善，践行保护和发展并举的绿色发展理念。"推动绿色发展，体制机制是关键"，《新时代的中国绿色发展》白皮书表明，绿色发展体制机制逐步完善已经

---

① 习近平. 习近平谈治国理政：第一卷 [M]. 北京：外文出版社，2018：210.

② 中共中央文献研究室编. 习近平关于社会主义生态文明建设论述摘编 [M]，北京：中央文献出版社，2017：90.

③ 中共中央文献研究室编. 习近平关于社会主义生态文明建设论述摘编 [M]，北京：中央文献出版社，2017：4.

④ 习近平. 习近平著作选读：第二卷 [M]. 北京：人民出版社，2023：42.

⑤ 习近平. 论坚持人与自然和谐共生 [M]. 北京：中央文献出版社，2022：27.

成为新时代中国绿色发展的重要成果之一，而绿色发展体制机制的完善，本质上就是建立起"导向清晰、决策科学、执行有力、激励有效的生态文明制度体系"，用"最严格的制度、最严密的法治"编织制度保障的细网，为绿色发展提供坚实保障。

首先，绿色发展体制机制强调建立健全自然资源产权制度。自然资源产权制度是保障绿色发展顺利开展的基础性制度，是完善绿色发展体制机制的起点。习近平总书记指出："我国生态环境保护中存在的一些突出问题，一定程度上与体制不健全有关，原因之一是全民所有自然资源资产的所有权人不到位，所有权人权益不落实。"① 因此必须要建立归属清晰、权责明确、监管有效的自然资源产权制度。明确自然资源的实际管理权拥有者，能够使我国自然资源的开发利用得到统筹管理。设立国有自然资源资产管理的机构，同样有利于促进自然资源管理的专业化，确保自然资源从开发利用到生态修复的全过程都有专人监管。

其次，绿色发展体制机制要求建立绿色发展目标考核评价体系，摒弃过去"单纯以 GDP 论'英雄'的评价机制"②，逐步将反映绿色发展情况的相关生态指标纳入经济社会发展考核评价体系之中。具体来说，就是将"资源消耗、环境损害、生态效益等体现生态文明建设状况的指标"③，纳入经济社会发展考核评价体系，倒逼地方政府注重平衡经济发展与生态保护之间的关系，加强生态文明建设，实现绿色发展。

再次，绿色发展体制机制要求建立健全资源有偿使用制度和生态补偿制度，强调利用市场手段，对作为公共品的自然生态资源进行市场评估，将生态保护成本、发展机会成本、生态服务价值、市场供求和资源稀缺程度等内容纳入资源、生态价格。在此基础上，政府主导调节获利方与损失方之间的利益，使获利方向损失方提供现金或物资等补偿。资源有偿使用制度和生态补偿制度充分将难以评估的生态价值和代际补偿价值外化，将环境负外部性内部化，从而有利于在保障经济发展的基础上实现对生态环境的协调与保护。

最后，绿色发展体制机制要求建立事后责任追究制度。习近平总书记

① 习近平. 习近平谈治国理政：第一卷 [M]. 北京：外文出版社，2018：85.
② 习近平. 坚持节约资源和保护环境基本国策努力走向社会主义生态文明新时代 [N]. 人民日报，2013-5-25 (01).
③ 习近平. 习近平谈治国理政：第一卷 [M]. 北京：外文出版社，2018：210.

指出："对那些不顾生态环境盲目决策、造成严重后果的人，必须追究其责任，而且应该终身追究。"[①] 生态文明建设并非一日之功，生态环境问题往往也需要一定的时间才能充分暴露。建立起权责明确、终身责任追究的制度，一方面能够迫使官员树立正确的政绩观，放弃不顾生态利益的侥幸心理，更审慎地落实绿色发展；另一方面也能够对污染企业形成震慑，明确环境污染者应负的责任。同时，必须建立与事后责任监督制度相匹配的污染监控体系，使生产过程中的污染无处遁形，便于归责。

第三节　中华优秀传统文化中的绿色发展智慧

一、"天人合一"的生态自然观

"天人合一"思想起源于西周先秦时期，遂融入诸子百家的思想之中。到了北宋时期才正式出现于张载的《正蒙·乾称篇》之中。作为中国古代文化中最为核心的哲学观点之一，"天人合一"具有丰富的内涵和广阔的解读空间。本书认为"天人合一"是对人与自然和谐共生关系的总结，回答了人与自然处于何种关系，以及人应当如何对待自然的问题，具有绿色发展的思想内涵。

（一）人与自然对立统一的关系

"天人合一"思想的起点是对天的认知，即认识到与人所对立而存在"天"是客观存在的，天生万物，但同时天行有常。一方面，自然孕育并维持万物的生长，人类也包含其中，两者在本质上是统一的；另一方面，天道有常，自然规律不会因为人的意志而转移，自然作为他者与人对立而存在。

首先，人与自然本质上是统一的。道家思想对其进行了最为深刻的阐述。老子以"道"为世界的本原，认为道"先天地生，寂兮廖兮，独立不改，周行而不殆，可为天下母"[②]。道是抽象的规律性的存在，不仅生养了天地万物，而且构成了万物存在的基础。因此，作为万物一员的人必须遵循道而行事，与道化为一体。人寻求道的过程，实质是人向本性的复归，

---

① 习近平. 习近平谈治国理政：第一卷 [M]. 北京：外文出版社，2018：210.

② 李聃，赵炜. 道德经 [M]. 西安：三秦出版社，2018：58.

在这一过程中人与自然实现了本质上的统一。故老子曰："复命曰常，知常曰明"①，强调复归于本原是永恒的规律。庄子对人与自然的统一关系描述得更为清晰。他认为万物出于道而回归道，因此，从道的角度来观察，世界是一个统一有机的整体。对人来说则"天地与我并生，而万物与我为一"②，天人合一，浑然一体。这种统一性是客观而不容否认的，不因个人乐意与否而发生变化。

其次，人与自然是相互对立的存在，自然规律不以人的意志为转移。在这一层面，人认识到自身面对自然的无力，天或者说自然是作为"他者"而存在的。儒家很早就认识到自然具有的客观存在性。孔子曰："天何言哉？四时行焉，百物生焉，天何言哉？"③万物的生长遵循自然的规律，自然具有的客观绝对性使人在其面前失去了抗拒的能力，因此，孟子说"莫之为而为者，天也；莫之致而至者，命也"④。而荀子则将自然之天看作实然的存在，将自然遵循的客观规律推向了永恒："天行有常"⑤，天地自然绝不会因个人或者人类的喜恶而改变。因此，面对自然，农业社会中的人对大自然表现出服从的态度。

（二）尊重自然规律与发挥人的主观能动性的辩证统一

由于人与自然的关系既统一又对立，人对待自然的态度也应围绕这种客观的关系而展开。"天人合一"思想秉持的是一种对待自然知天畏命的态度，即认识和掌握自然规律，敬畏和顺从自然规律的态度。与此同时，"天人合一"思想也不否认人的主观能动性的作用，仍然具有"制天命而用之"⑥的一面。

人应当对自然保持敬畏、顺从的态度。这是基于人与自然的关系展开的：一方面，人与自然本质的统一性要求人依"道"行事，遵循天理，这样才能复归于道。老子主张人保持自然无为的行事态度，效法自然，无为而治。庄子则强调人应当顺应自然，自然而然，以自然的方式融入自然。另一方面，人与自然的对立表现为天行有常，因此面对无法改变的自然规

---

① 李聃. 道德经 [M]. 赵炜，编译. 西安：三秦出版社，2018：35.

② 方勇. 庄子 [M]. 北京：中华书局，2015：31.

③ 陈晓芬，徐儒宗. 论语 [M]. 北京：中华书局，2015：214.

④ 方勇. 孟子 [M]. 北京：中华书局，2010：184.

⑤ 方勇，李波. 荀子·天论 [M]. 北京：中华书局，2015：265.

⑥ 方勇，李波. 荀子·天论 [M]. 北京：中华书局，2015：274.

律，人必须采取知天畏命的态度。所谓"诚者，天之道也；思诚者，人之道也。"① 诚是自然的规律，而对诚的追思与掌握，则是做人的规律。"知天"就是要知道其运行的自然规律，从而"知其所为，知其所不为"②。在了解自然规律之后，人仍然应对其保持敬畏和顺从之心，做好自己分内之事，而不要越俎代庖。孔子指出"君子有三畏，畏天命，畏大人，畏圣人之言。"③ 自负育知天命而缺乏敬畏之心，试图违背自然规律，必然会招致灾难性的后果。

与此同时，"天人合一"思想也为人的主观能动性留有一定的余地。中国古代主张天、地、人三大要素的统一，强调人的特殊和主导地位。"天时不如地利，地利不如人和"④。人所要做的，就是在因势利导，在尊重自然规律的前提下发挥主观能动性。荀子认为，人不能与天争职，但人亦有自己的职责——人的职责在于治理，根据四时的顺序对万物进行管理，使天下都受益。尽人事，听天命，"天人合一"思想充分尊重人的主观能动性和自然的客观实在性，要求人以敬天畏命、制天命而用的态度对待自然，实现人与自然的和谐统一。

二、"以时禁发"的可持续发展理念

以时禁发是中国古代绿色发展思想智慧的重要结晶。它主要可以分为两个层面：第一层面即"斩伐养长，不失其时"，侧重规定获取自然资源的时间，要求顺应自然规律，在适当的时候获取自然资源；第二层面即适度索取，侧重规定获取自然资源的数量，取物而不尽物。以时禁发由此体现出中国传统思想中可持续发展的基本价值理念。

（一）斩伐养长，不失其时

"斩伐养长，不失其时"的核心在于"时"，在于生态季节的时间规律，本质是自然的发展规律。在传统农业社会中，人类对待自然资源更加强调"时"字，无论是"斩伐"——索取自然资源，还是"养长"——对资源进行耕种养护，都需因时而变。同时，"斩伐养长，不失其时"的基础在于"'斩养'结合、一体两面"的可持续思想。

---

① 方勇. 孟子［M］. 北京：中华书局，2010：138.
② 方勇，李波. 荀子·天论［M］. 北京：中华书局，2015：267.
③ 陈晓芬，徐儒宗. 论语［M］. 北京：中华书局，2015：202.
④ 方勇. 孟子［M］. 北京：中华书局，2010：65.

儒家尤其注重"斩伐养长，不失其时"的思想，将其提升至圣王之制的高度。一方面，对自然资源的索取与养护要适时。早在周代，古人就已经提出了适时斩伐的要求，明确要求在春季的三个月内不准在山林中举斧子，在夏季的三个月内不允许用网罟捕鱼①。《礼记》中也有"五谷不时，果实未熟，不粥于市；五木不中伐，不粥于市；鸟兽鱼鳖不中杀，不粥于市"②的规定。实质上，允许贩卖不成熟的猎物与树木，就是放宽捕猎与砍伐的范围，取用的速度超过自然恢复的速度，最终将导致资源枯竭。"不违农时，谷不可胜食也；数罟不入洿池，鱼鳖不可胜食也；斧斤以时入山林，材木不可胜用也。"③只要把握万物生长的规律，并据此在恰当的时候进行耕种、收割和采伐，维持生产发展的物质资料就永远不会枯竭，也就实现了发展的可持续。另一方面，对自然资源要采取"斩养"结合的态度。如果能够给予自然万物充足的滋养，自然万物就能够充分生长。古代的牛山，就因为人们在乱砍滥伐后又接续畜牧，使其没有获得充足的时间养护，最终成了一片光秃秃的荒山。为了保持资源的可持续发展，人应当在获取自然资源的同时肩负起养护的责任，"不夭其生，不绝其长"④，留给自然资源充足的再生时间，实现人与自然利益的最大化。荀子认为，"斩伐养长，不失其时"是圣王之制的体现。

（二）适度索取的原则

以时禁发蕴含的深层要求是对自然资源的适度索取，获取足以满足需要但不至于浪费的物质资料，保证自然资源的可再生性。孔子提倡不用网捕鱼，不射宿巢之鸟，本质上就是反对对资源的过度索取，强调适度的原则。而要想贯彻适度索取，就要求从内外两方面限制人对自然的开采利用。具体来说，一方面要从内部强化个人节俭适度的开采理念，限制个人的欲望；另一方面要从外部限制和规范个人的采捕行为。

第一，贯彻适度索取原则要求限制个人的欲望，树立节制、适度的消费理念。人人都想要吃美味佳肴，穿锦绣华服，享有丰富的资产，尽管如此，穷年累世人仍然不会满足，这是符合人之常情的。然而，如果人放纵这种欲望，奢侈浪费，竭泽而渔，丝毫不为长远的发展考虑，最终会失去

① 黄怀信. 逸周书校补注译［M］. 西安：三秦出版社，2006：191.
② 郑玄，王锷. 礼记注：第四卷［M］. 北京：中华书局，2021：177.
③ 方勇. 孟子［M］. 北京：中华书局，2010：5.
④ 王先谦，沈啸寰，王星贤. 荀子集解：第五卷［M］. 北京：中华书局，1988：165.

基本的温饱。因此，荀子主张人应当节用御欲，考虑长远来保证未来的持续发展。老子同样注重节俭的美德，认为"祸莫大于不知足，咎莫大于欲得"①，放纵欲望会使得人偏离本性，带来祸乱。墨家更是强调对物欲的控制，强调"俭节则昌，淫佚则亡"②，要求个人在衣食住行乃至丧葬各个方面都要讲究适度，保持节俭的美德。

第二，贯彻适度索取原则要求通过外部约束限制个人无度的行为。中国古代各朝均设立了管理山林川泽等自然资源的相关机构，主要职责就包括了按照时令开放和禁止采伐、禁止不当的采伐方法等。同时，许多君王也通过颁布封山令、禁渔令等方式对民间的采捕行为进行规范和限制。例如，秦代的《秦简·田律》中就严格限制百姓进入禁林，规定除了丧葬原因外不得入禁林伐木；宋代开国不久便颁布永久有效的《禁采捕诏》，宋真宗时期颁布的诏令更加具体化，明确限制民间使用粘竿、弹弓、罝网等各种手段进行捕猎，以此保护自然环境，实现对自然的适度开采。

三、"仁民爱物"的传统生态伦理观

中国古代哲学家在面对人与自然万物的伦理关系问题时，提出了"仁民爱物"的传统生态伦理观念。仁民爱物的传统生态伦理实际上包含了双重意蕴：一方面，它要求推己及物的仁爱，对自然生命保持关怀之心；另一方面则要求以人为本，把人的价值放在第一位，强调仁爱的等级差别，对物的"爱"不应超过对民的"仁"。

（一）推恩及物的仁爱

仁民爱物的第一重意蕴，强调的是推恩及物的仁爱。仁发端于人的恻隐之心，是人的本性。所以对仁的复归，是人自我实现的最高境界。在古代先贤看来，人与自然是一个有机的整体，自然如同人的"四肢百体"，仁者爱人，注定要将这种爱拓展至对自然万物的爱。因此，推恩及物是仁爱的必然导向，是人与自然生态伦理的基础。

中国古代不同的思想家对推恩及物的仁爱有着不同程度的体现。孔子认为君子贯彻仁爱之心，绝非止于对人，而应扩展到对自然万物。所谓"启蛰不杀，则顺人道；方长不折，则恕仁也"③，推恩及物的仁爱，通过

---

① 李聃. 道德经 [M]. 赵炜, 编译. 西安：三秦出版社, 2018：101.
② 吴毓江, 孙启治. 墨子校注 [M]. 北京：中华书局, 2006：48.
③ 郭沂. 子曰全集：第三卷 [M]. 北京：中华书局, 2017：155.

不折断正在生长的树木的行为体现出来。孟子继承了孔子这种推恩及物的仁爱思想。他主张人性本善，这种性善的本性就是仁，仁具有范围的普适性。因此，仁者爱人，并且能够做到推恩及物，将万物纳入仁爱的价值关照范围。董仲舒认为，仁即"泛爱群生，不以喜怒赏罚"①，对人民的真挚的仁爱之心会自然而然发展至对自然万物的爱护，如果不能做到这样，又怎么能被称之为"仁"呢？宋代程颢更为明确地指明，所谓"若夫至仁，则天地为一身，而天地之间，品物万行，为四肢百体"②，人应当以爱护自身的身体的态度对待自然万物。庄子提出"爱人利物之谓仁"③，他所主张的"泛爱万众"是推恩及物的仁爱的另一种表达。他基于道生万物的思想，认为万物无贵贱之分，人应该以平等包容的态度对待自然界的生命，使自然生命遵循自己的本性，自由生长，像圣人那样处物而不伤物，做到与自然和谐共生。墨子"兼相爱，交相利"的理论同样体现了这种推恩及物的仁爱。只有将对人的爱兼至自然，自然才会以"利"回报人类，实现两者的和谐共生。但"兼爱"理论强调的是普遍的、平等的、无差别的爱，这与儒家的仁爱存在着根本的差别。

（二）以人为本的价值

仁民爱物包含的第二重意蕴，是有位阶的仁爱。所谓"君子之于物也，爱之而弗仁；于民也，仁之而弗亲。亲亲而仁民，仁民而爱物"④，"亲""仁""爱"是三种依次降低的仁爱等级。君子以"亲"对待至亲，以"仁"对待百姓，以"爱"对待自然万物。它表明，对物的爱不能超过对人的爱，人始终是第一位的。

"仁民爱物"是一种以人为本，具有价值差别的爱。《论语·乡党》中记载，孔子在马厩起火后关心人是否受伤，而不问马的情况。在孔子看来，人的价值高于物的价值，因此，对人要保持亲仁，对自然界则是一种推恩及物的泛爱。后者是前者向自然界扩展的结果。在孟子那里，仁民爱物的渐次等级得到了更为明确的阐述。仁民指的是广施恩惠使百姓得益，爱物则指的是向禽兽施加恩惠，仁民高于爱物，正所谓"先亲其亲戚，然

---

① 董仲舒，苏舆，钟哲. 春秋繁露义：第六卷 [M]. 北京：中华书局，1992：165.
② 程颢，程颐. 王孝鱼. 二程集·遗书：第四卷 [M]. 中华书局，2004：74.
③ 刘文典，赵锋，诸伟奇. 庄子补正：卷五（上）[M]. 北京：中华书局，2015：331.
④ 方勇. 孟子 [M]. 北京：中华书局，2010：281.

后仁民，仁民然后爱物，用恩之次者也。"① 正因为如此，当齐宣王对祭钟之牛怀不忍仁爱之心，却不能做到仁民时，孟子才会发出反问，委婉劝诫齐宣王颠倒仁爱等级的不妥，强调人的价值的优先地位。

因此，当仁民与爱物发生冲突时，爱物就要让位于仁民。《淮南子·主术驯》中指出"遍知万物而不知人道，不可谓智。遍爱群生而不爱人类，不可谓仁"②。仁者爱人，如果只知爱物就无异于买椟还珠，主次不分，失去了良知上的自然条理性③。人需要从自然界获取必要的物质生产资料，为满足人的生存发展而进行的采捕行为是丝毫不违背仁爱之心的。在仁民与爱物之间的取舍，恰恰体现出毫无矫饰的仁爱本质，反映出仁民爱物蕴含的以人为本的价值理念。

第四节　国外绿色发展理论的合理吸收和科学借鉴

人与自然的关系问题是人类共同拥有和需要面对的问题。事实上，西方资本主义的发展使西方国家更早面对生态问题的威胁，而资本主义的本质则使之难以采取正确的行动。于是，资本主义越发展，生态问题越严重，20世纪震惊世界的八大公害事件证明了这一点。愈演愈烈的现实生态威胁使西方发达国家不得不对自身的发展进行反思。20世纪六七十年代以来，伴随着绿色运动的不断兴起，国外绿色发展理论逐渐成熟，形成了许多具有独到见解的理论成果。这些理论成果能够为中国探索绿色发展拓宽理论视野，对人与自然和谐共生的绿色发展起到镜鉴作用。

一、生态现代化理论

生态现代化理论兴起于20世纪80年代，是一种试图从资本主义现代化中寻求克服生态环境问题能力的理论。这一理论是当代西方社会应对生态环境挑战的主流理论，具有广泛的现实影响力。生态现代化理论的理论起点是对"经济增长与环境保护相互对立"的理论假设的反思与否定。在此基础上，生态现代化理论认为可以借助政策推动革新与自由市场，实现

---

① 方勇. 孟子 [M]. 北京：中华书局，2010：281.
② 刘文典，冯逸，乔华. 淮南鸿烈集解：上 [M]. 北京：中华书局，1989：314.
③ 陈云. 生态文明建设的中国哲学基础及其启示 [J]. 理论月刊，2015（12）：36-40.

工业生产率的提高与经济结构的升级，从而在解决生态问题的同时实现经济增长。这一理论的主要代表人物包括马丁·耶内克、约瑟夫·休伯、阿瑟·摩尔、格特·斯帕加伦等人。

（一）生态预防性原则

生态现代化理论的首要特点是秉持生态预防性原则，提出了一条在源头和过程中防治生态环境问题的主动应对路径，一反传统"末端治理"和"先污染后治理"的被动应对方式。具体来说，生态预防性原则包括源头防治和过程管理两方面的内容。

第一，生态现代化理论的预防性原则通过源头防治得到践行，强调政府政策对生态源头防治方面起到的突出作用。马丁·耶内克指出，生态现代化"从根本上来说是一种以知识为基础的、技术性的、自上而下的政策"①，生态现代化的实质就是要借助特定的政策取得生态利益和经济利益的共赢。显然，政府制定和执行环境政策，是生态现代化得以推展的关键所在。以德国为例，德国政府针对建筑领域的能源节约与二氧化碳削减，推出了严格的能耗标准和相关的补贴税政策，促使建筑领域的二氧化碳排放在 1996—2008 年减少了 40 百万吨②。

第二，生态现代化理论的预防性原则注重过程管理的防治作用，注重清洁技术和过程优化在生产和消费过程中的生态防治作用。事实上，过程防治对企业提出了具体的要求，通过政策引导它们在生产链的上游展开科学技术和管理技术的双重革新与实践，进而在生产和消费的全过程落实生态防治。过程管理借助科技有效遏制了可能出现的生态问题，对环境污染形成了科学的监管。它在生产消费过程的开端尽可能降低了经济发展对生态环境的负面影响，在现代化过程中实现了对生态利益与经济利益的统筹。

（二）凸显技术革新的引擎作用

生态现代化理论认为，实现经济与生态双赢的核心驱动是科学技术的发展。科技作为第一生产力，对于经济发展具有显著的推动作用。生态现代化理论认为，为了解决工业化带来的生态困境，就必须要利用技术革新

---

① 马丁·耶内克. 生态现代化理论：德国学派及其国际意蕴 [J] //郇庆治. 当代西方生态资本主义理论. 北京：北京大学出版社, 2015：89.

② 马丁·耶内克. 清洁能源市场的动态管治：促动气候政策中的技术进步 [J] //郇庆治. 当代西方生态资本主义理论. 北京：北京大学出版社, 2015：97.

实现更加彻底的工业化，用高新技术实现更加清洁化的生产和消费，并对生产全过程进行预警监控。因此，科技同样具有显著的生态价值，应当发挥科技对实现绿色发展的引擎作用。

生态现代化理论反对传统的将科技看作生态问题根源的观点，强调技术革新在生态领域的积极潜力。自工业革命以来，资本主义的增殖逻辑促使它关注科技带来的短期经济效益，忽视科技具有的长远生态价值。因此，环境污染与生态问题往往与科技进步挂钩，后者被视为前者产生的一大根源。然而，生态现代化理论强调科技革新的积极面，主张发展清洁科技解决生态问题。一方面，生态现代化理论强调发展生态领域的高新技术，替代过去造成生态环境问题的旧技术，把经济活动对生态环境的负面影响降到最低。例如，清洁能源的使用，能够从源头上有效降低温室气体的排放量，实现生态好转。同时，诸如微电子技术、人工智能技术的革新能够通过对生产消费过程的监控管理实现生态防治。另一方面，生态现代化理论强调生态领域的技术革新同样有利于经济的发展。生态领域的技术创新能够有效降低生产过程中的原料投入与能源消耗，从而提升经济活动效率。

（三）强调政府与市场的作用

生态现代化理论对市场与政府提出了极高的要求。德赖泽克指出："生态现代化暗含着一种伙伴关系，在这种关系中，政府、工商业、温和环境主义者和科学家沿着环境友好的路线在资本主义政治经济的重构中进行合作。"① 具体来说，生态现代化理论要求政府和市场发挥各自作用，共同推进生态现代化。

一方面，政府在生态现代化理论中扮演着引导和规范的关键角色，为生态现代化提供必要的政治保障。马丁·耶内克认为，生态现代化理论的优越性在于："一种前瞻性的环境友好政策可以通过市场机制和技术创新促进工业生产的提高和经济结构的升级"②。生态现代化需要政治现代化为前提和基础，因为生态友好的政策摆脱不了政府这一直接决策者与实施者。资本主义的运行逻辑决定了它不会积极主动地进行生态领域的技术革

---

① 约翰·德赖泽克. 地球政治学：环境话语 [M]. 蔺雪春，郭星辰，译. 济南：山东大学出版社，2008：196.

② 郇庆治，马丁·耶内克. 生态现代化理论：回顾与展望 [J]. 马克思主义与现实，2010（1）：175-179.

新，难以为实现长远的生态利益进行长期无经济回报的投资，这样一来市场将显著降低生态现代化的效率。因此，政府需要进行必要的引导和干预，加速生态领域的技术革新、引导市场绿色化转型，通过必要的政治法律手段应对当今气候变化加快和生态问题加重的现实。

另一方面，市场在生态现代化理论中发挥优化配置、拉动革新的作用。市场运行机制在生态现代化理论中享有优先地位。成熟的市场机制为实现生态现代化发挥着关键作用。一旦政府的绿色政策提供了足够的利益，企业将被赋予生态化转型的动力。此时，市场机制的优势被充分激活，不仅资源配置将不断朝环境技术领域倾斜，而且企业将更乐意承担环境保护的责任，减少生产过程中的能耗和污染。显然，生态现代化理论认为，与政府政策相比，市场迎合了资本主义运行的逻辑，能够更加持久和稳定地推动生态现代化的进程。

二、生态学马克思主义理论

生态学马克思主义脱胎于西方马克思主义理论，是一种基于马克思主义视角对生态环境问题展开的政治理论阐释与分析[①]。它在 20 世纪 70 年代迅猛发展，到 90 年代已经形成了成熟的理论体系，成为当代西方马克思主义流派中最有影响力的一支。生态学马克思主义的代表人物包括威廉·莱斯、安德烈·高兹、詹姆斯·奥康纳、约翰·贝米拉·福斯特等。具体来说，生态学马克思主义主要包含了对生态危机的溯源与批判，以及对未来绿色社会的道路构建两方面的内容。前者为人与自然和谐共生的绿色发展提供了审视全球资本主义国家生态危机的新的理论视角，后者则更多地提供了一个可供中国绿色发展自省的对照道路。

（一）对资本主义生态危机的溯源与批判

生态学马克思主义者的一大重要理论成果是充分挖掘归纳传统马克思主义中蕴含的生态思想，用马克思主义的基本观点分析现代资本主义社会的生态问题并据此展开对资本主义的生态批判。

在生态危机产生的原因方面，生态学马克思主义通常从资本主义的生产方式中溯源，同时强调快速发展的科技与工业化水平对生态危机的影响。但在具体的原因分析上，生态学马克思主义者之间存在一定的争论。

---

① 郇庆治. 当代西方绿色左翼政治理论 [M]. 北京：北京大学出版社，2011：73.

例如，生态学马克思主义的代表人物詹姆斯·奥康纳在《自然的理由》一书中提出了"资本的第二重矛盾"，用以解释资本主义生态危机的产生。他提出，资本主义存在的双重矛盾导致其面临经济和生态的双重危机。其中，"第一重矛盾"即传统马克思主义的社会基本矛盾——生产力与生产关系之间的矛盾，它导致了资本主义社会周期性的经济危机。"第二重矛盾"是生产力和生产关系与生产条件之间的矛盾。奥康纳认为，资本主义逐利的本性使它将具有社会性的公共生产条件（包括自然要素、自然环境、社会基础设施等）商品化资本化，无视自然的有限性，妄图实现无限的生产，最终不仅破坏了自然生态环境，而且导致资本主义其他要素成本的增加，从而引发经济与生态双重危机。生态学马克思主义的另一位代表性人物约翰·贝拉米·福斯特根据马克思的"新陈代谢理论"提出了"物质变换裂缝理论"，用以解释资本主义生态危机产生的原因。他提出资本主义生产关系造成的城乡二元对立割裂了传统农业生产过程中生产者与消费者之间的关系，使人与自然之间的"新陈代谢"走向断裂。

在当代资本主义进行生态维度的审视的过程中，生态学马克思主义者对资本主义进行了从内在逻辑到外化行为的多重批判。首先，生态学马克思主义通过对生态危机产生根源的分析，批判了资本的运行逻辑。例如，无论是奥康纳的"第二重矛盾"还是福斯特的"物质变换裂缝理论"，本质都根植于资本追求增殖的基本运行逻辑。同时，这种运行逻辑驱动资本的全球扩张，又进一步扩大和加深了生态危机的影响范围和程度。因此，只要资本运行逻辑仍然在世界上占据主流地位，生态问题就无可消弭。其次，生态学马克思主义对资本主义工业化模式和城市化道路进行了彻底的批判。在资本主义社会中，工业化伴随着生产技术的革新，不断推动城市化进程。工业生产带来的环境污染、城市化导致的人与自然物质变换的断裂，昭示了这种发展方式的不可持续性。最后，生态学马克思主义坚决从生态角度批判资本主义生产过程中的异化现象，例如资本主义的短视性促使其非理性地运用技术，忽视生态利益只顾短暂的经济利益，导致生态危机的不断加重。同样，消费的异化表现为人对消费的依赖，在资本主义社会通过种种不合理消费理念外化。过度消费与过度生产与自然资源有限性相违背，实质不利于生态问题的解决。

（二）实现未来理想社会的路径

生态学马克思主义的另一理论成果，是基于对资本主义生态困境的深度分析提出了对未来理想社会的构想以及这一社会的路径。

生态学马克思主义者主张未来的理想社会是一个与资本主义和社会主义制度都有所区别的社会。一方面，生态学马克思主义力图建立克服了目前资本主义生态问题的社会，它必然包含着瓦解资本逻辑、变革资本主义制度、克服过度生产与过度消费的重要特征。在此基础上，生态学马克思主义提出了实现新型绿色社会的路径。另一方面，生态学马克思主义构建的未来理想社会是一种生态社会主义社会，具有社会主义生态友好、分配正义、可持续性的特征。它因革除异化人与自然的生产关系而实现了人与自然的和谐共生，人与自然的物质变换裂缝被弥合，基于人的需要展开的生产与资源有限性达成了和解。

生态学马克思主义主张通过生态革命的形式实现未来理想社会，但总体来说，这种生态革命更加强调通过绿色运动、合法政治斗争的形式推动社会的革新。因此，它实质具有浓厚的改良色彩，而不具有革命的现实意义。生态学马克思主义注重绿色运动凝聚起的社会力量，强调工人运动和新社会运动的联合，要求变革现有社会的经济、政治体制等，从而解决生态问题，实现生态社会主义。也有生态学马克思主义者提出进行根本性的社会变革，从制度层面通过阶级斗争实现对资本主义制度的颠覆。但是，这条道路尽管从理论层面看具有一定的革命性，但一旦进入实践层面，就又寄希望于通过道德教化的手段加强民众的生态危机意识，以此促使他们展开对社会各方面的变革。这本质上是"以道德革命的方式来解决生态危机问题"，是不彻底的革命，具有妥协和改良的色彩。

第三章 人与自然和谐共生的绿色发展演进历程

任何一个命题的提出、发展和完善都需要经过历史的沉淀、洗礼与淬炼，进而形成内涵丰富、体系完备和契合实践的思想理论。习近平总书记指出："绿色发展，就其要义来讲，是要解决好人与自然和谐共生问题。"①在当代中国的实践场域，人与自然和谐共生的绿色发展是实现中国式现代化的重要面向，这是中国共产党百余年来领导中国人民探索绿色发展之路的智慧结晶。回溯中国共产党领导中国人民探索人与自然和谐共生的绿色发展的历史进程，人与自然和谐共生的绿色发展经历了新民主主义革命时期、社会主义革命和建设时期、改革开放和社会主义现代化建设新时期、中国特色社会主义新时代四个阶段。中国共产党领导中国人民紧紧围绕每一阶段的主题主线展开了绿色发展的理论探索和实践创造，开拓出了一条具有中国特色的人与自然和谐共生的绿色发展之路。

第一节 新民主主义革命时期：以革命之需孕育绿色发展

新民主主义革命时期，中国共产党的中心任务是领导中国人民推翻"三座大山"，实现民族独立和人民解放。这一时期，党领导的一切工作均围绕"革命"这一中心工作来展开。为了充分调动革命主体的积极性，促推革命事业的发展，中国共产党领导中国人民展开了一系列发展水利事业、改良土壤、植树造林等具有朴素意义的绿色发展建设举措，通过制定和颁布法令条例等政策文件保障和改善了革命主力军——农民的生存发展

---

① 习近平. 习近平著作选读：第一卷 [M]. 北京：人民出版社，2023：431.

权益。伴随着革命实践的深入推进，绿色发展之路也由此孕育萌发。这些朴素的绿色发展举措，为中国共产党领导中国人民开辟和探索人与自然和谐共生的绿色发展奠定了根基。

一、发展农田水利事业

农田水利事业是人民生存发展之根本，革命事业的发展亦离不开基本的物质需求。新民主主义革命时期，党领导中国人民发展农田水利事业，一方面是服务于革命事业的基本发展需要，为革命事业提供基本的口粮物资保障；另一方面，因战乱而造成的对农田水利设施的破坏亟待修复完善，中国共产党领导中国人民通过对农田水利设施的修缮进而保障农民生存发展的基本权益。在以革命之需促推农田水利事业改善的情况下，实际上也对环境治理、优化生态和保护自然起到了积极的推动作用。

建党伊始，中国共产党就高度重视农田水利事业。1923 年，中国共产党第三次全国代表大会制定的《中国共产党党纲草案》明确指出要关注农民的特殊利益，注重"改良水利……改良种籽地质；贫农由国家给发种籽及农具"[1]。这是作为党的最低纲领提出的必须尽快得到改善和完成的任务，展现了中国共产党对农田水利事业的高度重视。1927 年，毛泽东在土地委员会第一次扩大会议上的发言中指出，"我国土地生产力日见衰落，全国生产力已到了一个大危机，此危机不解决，必起绝大的饥荒。土地问题不解决，农民无力改良土地，生产必至日减……要增加生力军保护革命，非解决土地问题不可。"[2] 毛泽东从战略层面对农田土地问题的深入考量既为革命发展指明了进路，也引起了大家对养护农田土地和提高农业生产力的重视，尽力避免因饥荒而造成的对生存环境的进一步破坏。1932年，《中国共产党对于时局的主张》一文指出，"利用一切内债外债的基金来开浚河道，修理坝闸，种植森林，以防水旱之灾"[3]。可以看出，此时的中国共产党已经提出了发展水利事业的具体举措，通过筹措资金等方式开展疏浚河道、筑坝建闸等实质性的水利基础设施建设。1934 年，毛泽东在

---

① 中共中央文献研究室中央档案馆. 建党以来重要文献选编（1921—1949）：第一册 [M]. 北京：中央文献出版社，2011：254.

② 中共中央文献研究室. 毛泽东文集：第一卷 [M]. 北京：人民出版社，1993：43.

③ 中共中央文献研究室中央档案馆. 建党以来重要文献选编（1921—1949）：第九册 [M]. 北京：中央文献出版社，2011：7.

第二次全国工农兵大会的报告中再次强调，"水利是农业的命脉，我们也应予以极大的注意。"① 从建党之初到抗日战争爆发前夕，中国共产党根据中国发展的实际境况，提出了一系列促推农田水利事业发展的方针政策，为革命事业的发展和生存环境的涵养起到了积极作用。

抗日战争和解放战争时期，中国共产党领导中国人民进一步强化农田水利事业。这一时期，中国共产党在局部执政的情况下，把农田水利事业布局到各根据地的施政纲领当中，为生产自救和自然环境修复提供了重要支撑。1939 年，《陕甘宁边区抗战时期施政纲领》强调"开垦荒地，兴修水利，改良耕种"②。这是中国共产党在局部执政时期开展农田水利建设的具体号召。1940 年，《中共晋察冀边委目前施政纲领》明确指出，要领导根据地人民"发展农业，积极垦荒，防止新荒，扩大耕地面积，保护并繁殖耕畜，改良种子、肥料、农具等农业生产技术，有计划的开井、开渠、修堤、改良土壤……设立专门机关，切实救灾治水"③。可以看出，各个根据地在党的领导下已经把农田水利事业摆在了重要位置，并且能够按照各根据地的实际情况具体组织开展契合自身发展需要的农田水利事业。抗日战争胜利后，中国共产党在 1946 年颁布的《和平建国纲领草案》指出，要"迅速治理黄河，并修筑其他因战事而破坏及失修之水利"④。随着解放战争的深入推进，中国共产党领导中国人民逐步赢得了革命事业的主动权。在新中国成立前夕颁布的《中国人民政治协商会议共同纲领》继续强调"应注意兴修水利、防洪防旱，恢复和发展畜力，增加肥料，改良农具和种子，防止病虫害，救济灾荒，并有计划地移民开垦。"⑤ 由此看出，中国共产党对农田水利事业的高度重视与具体推进既保障了革命事业发展的物质需要，也为生态修复奠定了坚实基础。

① 毛泽东. 毛泽东选集：第一卷［M］. 2 版. 北京：人民出版社，1991：132.
② 中共中央文献研究室中央档案馆. 建党以来重要文献选编（1921—1949）：第十六册［M］. 北京：中央文献出版社，2011：160.
③ 中共中央文献研究室中央档案馆. 建党以来重要文献选编（1921—1949）：第十七册［M］. 北京：中央文献出版社，2011：501.
④ 中共中央文献研究室中央档案馆. 建党以来重要文献选编（1921—1949）：第二十三册［M］. 北京：中央文献出版社，2011：62.
⑤ 中共中央文献研究室. 建国以来重要文献选编：第一册［M］. 北京：中央文献出版社，1992：9.

二、积极推动植树造林

植树造林是最为有效的净化环境和保护生态的绿色实践举措。新民主主义革命时期，根据革命发展的实际需要，中国共产党领导中国人民大力推动植树造林事业。这一时期，不论是党中央面向全党发出的植树造林号召，亦或各根据地制定的相关植树造林政策，都在人民群众的具体实践中得到了较为全面的落实。在中国共产党的领导下，植树造林运动为保障战备物资、改善人民群众生活、涵养根据地环境起到了重要作用。

从建党之初到土地革命这一阶段，中国共产党对林木事业进行了初步探索。中国共产党开辟根据地以后，开始对根据地的各项事业进行改造，按照社会主义的标准和原则革旧开新。就林木事业而言，1928年中国共产党颁布的《井冈山土地法》强调："（一）茶山、柴山，照分田的办法，以乡为单位，平均分配耕种使用。（二）竹木山，归苏维埃政府所有。但农民经苏维埃政府许可后，得享用竹木。竹木在五十根以下，须得乡苏维埃政府许可。百根以下，须得区苏维埃政府许可。百根以上，须得县苏维埃政府许可。（三）竹木概由县苏维埃政府出卖，所得之钱，由高级苏维埃政府支配之。"[①] 在苏维埃政权的统一规划下，力求实现对山林的有序利用和开发，防止过度开采而对山林造成破坏性损伤。1932年3月，由毛泽东领衔签署发布的《中华苏维埃共和国临时中央政府人民委员会对于植树运动的决议案》指出，植树造林不仅有益卫生，还可增加群众收益，因此要求各级政府广泛发动群众积极展开植树运动。1934年，毛泽东在第二次全国苏维埃代表大会上再次发出号召："应当发起植树运动，号召农村中每人植树十株。"[②] 在这些决议动员的影响下，苏区人民群众展开了如火如荼的植树造林运动。现有研究统计显示，"仅1934年，瑞金县（现瑞金市）植树63.3万棵，兴国县植树38.9万棵，福建苏区人民种树21.38万棵。"[③] 由此看来，在中国共产党的领导下，根据地人民群众积极响应党的号召，紧紧围绕革命运动的现实需要，把植树造林落实到了生产生活当

---

① 中共中央文献研究室中央档案馆. 建党以来重要文献选编（1921—1949）：第五册 [M]. 北京：中央文献出版社，2011：815.

② 中共中央文献研究室中央档案馆. 建党以来重要文献选编（1921—1949）：第十一册 [M]. 北京：中央文献出版社，2011：136.

③ 樊宝敏，李晓华，杜娟. 中国共产党林业政策百年回顾与展望 [J]. 林业经济，2021（12）：5-23.

中，既为革命事业储备了战略物资，也为人民群众的生产生活带来了便利。

抗日战争和解放战争时期，中国共产党领导人民群众进一步推进植树造林事业。长征胜利以后，中国共产党在陕甘宁边区扎下根来，开辟了领导革命事业的新天地。由于陕甘宁边区自然环境的先天缺陷，中国共产党更加重视植树造林，优化自然环境。1938年，陕甘宁边区政府发布的《关于发动党政军民工作人员植树造林的请示报告》指出，"为补救边区将来的困难与恐慌，及根本改变西北大陆性的气候、温度、雨量，含蓄水源，防止山洪泛滥，开展培植国家森林富源计划，在我们政府经济建设发展农林牧产业的政策口号下，在广漠多山的边区地域中，除了对各地原有山林树木予以严密的保护及有计划的砍伐，并积极广泛地发动群众植树运动外，每年春季植树节在政府的领导下，党政军民各机关首长暨工作人员与杂务人员来一个有组织有计划的广泛的大规模的植树造林运动，以作群众的倡导与模范，似属必要而急于执行的任务之一。"① 在边区政府的号召和支持下，植树造林逐渐成为一项常规运动在党政军民各界铺展开来。1940年，在时任中共中央财政经济部部长李富春的支持下，农林专家乐天宇率考察团行程千余里，调查了甘泉、延川、志丹等10余县的土壤、气候、林相及森林分布情况，收集重要植物标本2 000多件，完成了《陕甘宁边区森林考察团报告书》的撰写。通过专业的考察调研，党和政府进一步掌握了陕甘宁边区的自然资源状况，为更加精准开展环境治理提供了科学依据。1944年，毛泽东在延安大学开学典礼上的讲话中指出，"陕北的山头都是光的，像个和尚头，我们要种树，使它长上头发。种树要订一个计划，如果每家种一百棵树，三十五万家就种三千五百万棵树。搞他个十年八年，'十年树木，百年树人'。"② 这一讲话，更加激发了人民群众植树造林的热情。

三、制定颁布法令条例

新民主主义革命时期，中国共产党领导人民推进人与自然和谐共生的绿色发展的朴素实践还反映在颁布相关法令条例上。中国共产党在局部执

---

① 陕甘宁边区财政经济史料编写组，陕西档案馆. 抗日战争时期陕甘宁边区财政经济史料摘编·农业 [M]. 西安：陕西人民出版社，1981：147.

② 中共中央文献研究室. 毛泽东文集：第三卷 [M]. 北京：人民出版社，1996：153.

政的现实环境下，紧紧围绕革命发展的现实需要，对农田、水利、林木等人民群众生产生活环境息息相关的领域开展了一系列调整变革，并运用法令条例的办法将其固定下来。这些具有探索性、尝试性、创新性的推进绿色发展的法令条例，为中国共产党领导人民推进绿色发展的制度实践奠定了坚实基础。

中国共产党开辟了"农村包围城市"的道路之后，在根据地展开了关于土地、林木、水利等方面的调整变革，制定了一系列相关法令条例。1928年，在毛泽东的主持下，中国共产党制定和颁布了《井冈山土地法》；1929年，红四军在兴国颁布了《兴国土地法》；1931年，在中华工农兵苏维埃第一次全国代表大会上通过了《中华苏维埃共和国土地法令》。这三个土地法令对山、河、湖、林、田等自然资源制定了较为细致的保护和利用措施，为根据地的自然资源和生态环境建设提供了制度保障。在陕甘宁边区和晋察冀边区，中国共产党接连出台了一系列农田水利、植树造林、森林保护等办法和条例。据有关研究统计，在晋察冀边区，1938年2月颁布了《晋察冀边区奖励兴办农田水利暂行办法》，1946年3月颁布了《晋察冀边区森林保护条例》《晋察冀边区奖励植树造林办法》。在陕甘宁边区，1940年4月颁布了《陕甘宁边区植树造林办法》《陕甘宁边区森林保护条例》，1941年1月颁布了《陕甘宁边区植树造林条例》《陕甘宁边区森林保护条例》（修订版）等[①]。这些办法和条例的颁布是在中国共产党局部执政的现实条件下推进的，此时的中国共产党一边要领导人民进行革命斗争，一边要推进根据地的建设发展，农田、水利、林木等同人民生产生活息息相关的自然资源，理所应当成为首要考虑的现实问题。这些自然资源的调配、开发和保护，一方面可以为革命斗争提供基本的物质保障，另一方面也为人民群众的生产生活提供了不可或缺的资源保障。中国共产党通过制定相关的法令条例来使其能够满足革命的现实需要和人民生活需要，已经显露出了人与自然和谐共生的绿色发展的萌芽。

综上所述，新民主主义革命时期，由于现实条件的制约，中国共产党并未展开真正意义上的人与自然和谐共生的绿色发展实践，但其对农田、水利、林木等自然资源的调适与变革已经初步显现出了追求人与自然和谐共生的绿色发展的萌芽。中国共产党在新民主主义革命时期的主要任务是

---

① 邵光学. 中国共产党百年农村生态文明建设回溯考察与历史经验：学习贯彻党的十九届六中全会精神 [J]. 农村经济，2022（5）：11-19.

带领中国人民推翻"三座大山",实现民族独立和人民解放。以此为核心而展开的一系列革命行动,都是为了加速实现民族独立和人民解放这一伟大目标。中国共产党通过对农田、水利、林木等自然资源的调适与规划,极大地保障了革命所需的物质资源,同时也极大地改善了根据地人民的生产生活环境。新民主主义革命时期,中国共产党以革命事业为轴心推进的人与自然和谐共生的绿色发展实践的萌发,为新中国成立以后推进绿色发展实践不断走深走实奠定了基础,这一时期积累下的宝贵经验同样为绿色发展的深入推进打下了坚实根基。

第二节 社会主义革命和建设时期:以建设之需推进绿色发展

社会主义革命和建设时期,中国共产党带领中国人民开启了建设社会主义的新篇章。经过艰苦卓绝的斗争,中国共产党领导中国人民取得了新民主主义革命的胜利,成立了人民当家作主的新中国。面对一穷二白、百废待兴的新中国,中国共产党领导中国人民聚焦"建设"主题,掀起了建设社会主义的高潮,为尽快改善人民群众的生活状况和不断恢复、发展及增强综合国力奠定了坚实基础。在推进社会主义建设的实践中,农业和工业作为国民经济发展的基础成为先行尖兵。在这一过程中,中国共产党不断巩固农林水利事业,提倡自然资源的科学利用,意识到工业污染的防治问题,并将环境保护议题正式提高到国家发展层面加以关注和发展。总体来看,这一时期中国共产党领导中国人民紧紧围绕建设之需推进绿色发展,初步展现出了保护生态环境、科学利用资源、建设美丽家园的绿色发展实践,为丰富绿色发展实践打下了基础。

一、进一步深入推进农林水利建设

新中国成立后,中国共产党领导中国人民为尽快恢复正常的生产生活而展开了一系列调整变革。展开生产生活根本在于有能够满足人民生存发展需要的物质基础,农田、林木、水利等相关事业的建设自然成为重点关照对象。虽然新民主主义革命时期,中国共产党在局部执政的条件下就对这些同人民群众生存发展息息相关的事业进行了一定探索,但还存在范围较小、影响较弱等局限。新中国的成立，为进一步深入推进农林水利建设提供了良好基础。在奋力推进社会主义建设的时代主题下，农林水利建设一方面助推了农林业的增产丰收，另一方面也为自然资源保护和生态环境优化起到了积极作用。

在农林建设方面，中国共产党领导群众持续推进农林事业的发展。新中国成立后，在国家层面成立了林垦部，专门分管林业和农垦工作，为农林事业的发展提供了机构保障。1950 年，在首届全国林业会议上，时任林垦部部长的梁希指出，参照苏联减缓天灾的森林面积 30% 的标准，我国的森林覆盖率仅 5%，林业防护任务仍然十分艰巨①。之后，毛泽东发出了"绿化祖国"的号召。1956 年，中央政治局提出的《一九五六年到一九六七年全国农业发展纲要（草案）》指出，"从 1956 年开始，在 12 年内，绿化一切可能绿化的荒地荒山，在一切宅旁、村旁、路旁、水旁以及荒地上荒山上，只要是可能的，都要求有计划地种起树来。"② 在党和政府的支持鼓励下，国有林场和社队林场逐渐发展了起来。到 1965 年，全国国有林场的经营面积达到 6 800 万公顷，林场职工达 28.1 万人。同时，农村农业合作社办起社队林场，到 1960 年 9 月，全国有社队林场 8 万多个，拥有劳动力达到 100 万人，成为造林绿化的生力军③。整体来看，从政策支持、机构设置及其人员配备等方面，林业发展相较于新民主主义革命时期都有了长足进步。但是，这一时期的林业发展并没有达到理想效果。由于受到"文化大革命"的冲击，很多林业政策没有能够得到较好的贯彻落实，加上新中国成立后，和平环境带来的人口规模的不断扩大，"以粮食为纲"成为解决人民群众生存问题的头等要事，林业地位有所下降。社会主义革命和建设时期农林事业的发展是在特定历史背景下展开的，具有对社会主义建设进行初步探索的现实特征，其中积累的经验和教训，为农林事业的进一步发展奠定了良好基础。

在水利建设方面，中国共产党广泛发动群众开展了轰轰烈烈的治河修坝工程。中国的河流分布较广，大江大河自西向东贯穿中国大部分地区，

① 冯丹萌，许天成. 中国农业绿色发展的历史回溯和逻辑演进 [J]. 农业经济问题，2021（10）：90-99.

② 中共中央文献研究室. 建国以来重要文献选编：第八册 [M]. 北京：中央文献出版社，1994：54.

③ 樊宝敏，李晓华，杜娟. 中国共产党林业政策百年回顾与展望 [J]. 林业经济，2021（12）：5-23.

大江大河在滋养了中华文明的同时，也给我国带来了不少水患。新中国成立后，受前期战乱影响，很多河道堤坝年久失修，抵御自然灾害的能力严重受损。1950年，淮河流域就发生了大规模水灾，河南、安徽两地受灾严重，受灾面积估计达4 000多万亩（1亩 = 666.7平方米，下同），灾民1 300万人。鉴于此，毛泽东提出了根治淮河的指示。1950年10月14日，政务院发布了《政务院关于治理淮河的决定》，认为要上、中、下游一体施策，"上游应筹建水库，普遍推行水土保持，以拦蓄洪水发展水利为长远目标，目前则应一方面尽量利用山谷及洼地拦蓄洪水，一方面在照顾中下游的原则下，进行适当的防洪与疏浚。中游蓄泄并重，按照最大洪水来量，一方面利用湖泊洼地，拦蓄干支洪水，一方面整理河槽，承泄拦蓄以外的全部洪水。下游开辟入海水道，以利宣泄，同时巩固运河堤防，以策安全。"① 1955年，时任国务院副总理邓子恢在第一届全国人大二次会议上做了《关于根治黄河水害和开发黄河水利的综合规划的报告》，对黄河的治理开发进行了整体规划。在相关顶层设计的助推下，治河修坝工程逐渐铺展开来。根据相关研究统计，1949—1976年，我国新修大型水库203座、中型水库2 110座、小型水库82 000座。其中，1958—1976年，我国修建的大、中、小型水库最多，75%的大型水库、66%的中型水库和90%小型水库修建于该时期②。随着治河修坝工程的推进，水患威胁逐渐得到缓解，农田水利也得到了大幅改善，总体达到了抑制水患、保障灌溉、综合利用水资源的目的。这一时期的水利建设虽然重点在于保障和推进社会主义建设，也出现了一些为了建设而"大干快上"的冒进举措，但是整体而言，对大江大河治理和流域生态保护发挥了一定作用。

二、强调节约及综合利用自然资源

社会主义革命和建设时期，中国共产党领导中国人民展开了如火如荼的社会主义建设运动，围绕建设主线，强调发扬勤俭节约之风，反对浪费主义。在自然资源的开发和利用方面也逐渐意识到自然资源的宝贵性，提倡综合利用，推进效益最大化，更好建设社会主义。这一时期，中国共产党始终保持勤俭节约的艰苦作风，在自然资源的开发利用上显露出了绿色

---

① 中共中央文献研究室. 建国以来重要文献选编：第一册［M］. 北京：中央文献出版社，1992：426.

② 王琳. 毛泽东水利思想及其当代价值［D］. 太原：山西大学，2012.

发展的实践风貌。

以毛泽东同志为主要代表的中国共产党人，在社会主义革命和建设上始终保持勤俭节约的优良作风，注重生产节约，推进社会主义建设。新中国成立后，毛泽东发出号召，要求厉行节约、反对铺张浪费。1951年，毛泽东在审阅《中共中央关于实行精兵简政，增产节约，反对贪污、反对浪费和反对官僚主义的决定》稿时指出，"一切从事国家工作、党务工作和人民团体工作的党员，利用职权实行贪污和实行浪费，都是严重的犯罪行为。"并着重强调，"浪费和贪污在性质上虽有若干不同，但浪费的损失大于贪污"[①]。随后，全国开展起了规模庞大的"三反运动"，严厉打击浪费行为。1957年，毛泽东在《关于正确处理人民内部矛盾的问题》一文中强调，"我们要进行大规模的建设，但是我国还是一个很穷的国家，这是一个矛盾。全面地持久地厉行节约，就是解决这个矛盾的一个方法。"[②] 可以看出，这时毛泽东已经充分意识到了推进社会主义建设和厉行节约之间的关系，在厉行节约中推进社会主义建设成为这一时期最为鲜明的时代特点。1959年，党的八届八中全会通过了《关于开展增产节约运动的决议》，强调在工业、农业、运输业等一切企事业领域都要坚持节约资源、节约劳动力、节约成本等，又好又快建设社会主义。这一时期，大力提倡节约虽然存在物资匮乏、百废待兴的现实条件限制，但总体上承继并展现了中国共产党艰苦朴素、勤俭节约的传统美德，在厉行节约中推进社会主义建设，为新时期党领导人民推进生产生活方式转变和资源节约型社会建设打下了坚实基础。

综合利用资源是推进绿色发展的重要举措，也是保障国民经济可持续发展的治本之策。在社会主义革命和建设时期，中国共产党意识到资源对于国家建设和发展的重要性。早在新民主主义革命时期，毛泽东就意识到，"人最初是不能将自己同外界区别的，是一个统一的宇宙观。随着人能制造较进步工具而有较进步生产，人才能逐渐使自己区别于自然界，并建立自己同自然界对立而又统一的宇宙观。"[③] 这种对立而又统一的宇宙观实质上内蕴了人与自然和谐共生的思想萌芽。在社会主义革命和建设时期，毛泽东把握建设主题，把对立统一的宇宙观运用在社会主义革命和建

---

① 中共中央文献研究室. 毛泽东文集：第六卷 [M]. 北京：人民出版社，1999：208-209.
② 中共中央文献研究室. 毛泽东文集：第七卷 [M]. 北京：人民出版社，1999：239.
③ 中共中央文献研究室. 毛泽东文集：第三卷 [M]. 北京：人民出版社，1996：82.

设的伟大实践当中，认为"天上的空气，地上的森林，地下的宝藏，都是建设社会主义所需要的重要因素"①。关键在于如何发挥人的主观能动性，把自然资源综合利用起来。1965年，毛泽东提出，"综合利用单打一总是不成，搞化工的单搞化工，搞石油的单搞石油，搞煤炭的单搞煤炭，总不成吧！煤焦可以出很多东西。采掘工业也是这样，采钨的就只要钨，别的通通丢掉。水利工程，管水利的只管水利，修了坝以后船也不通了，木材也不通了。那怎么办？是个大浪费。综合利用大有文章可做"②。综合利用的实质就是变害为利，充分利用一切可用资源，没有什么东西是完全无用的。毛泽东认为，"要充分利用各种废物，如废水、废液、废气。实际都不废，好像打麻将，上家不要，下家就要"③。随着社会主义建设实践的深入推进，中国共产党对综合利用资源的认识也越来越深刻，困于当时的技术、装备等现实条件，综合利用资源的实践虽然并未取得十分亮眼的成效，但是我们对综合利用资源的深入认识和初步实践，为日后推进可持续发展奠定了坚实基础。

三、将工业污染防治纳入治理视野

刚刚诞生的新中国百废待兴，工业基础十分薄弱，难以满足建设社会主义的现实需要。中国共产党审时度势，做出优先发展重工业的战略抉择，很快建立起了新中国的工业基础，为推进社会主义建设提供了强进动力。在推进工业化的进程中，由于处于探索和起步阶段，重心和重点大多放在如何尽快建立起相对完善的工业体系基础上，相对忽视了工业化过程中带来的环境污染问题。随着工业化的快速推进，工业污染问题也逐渐显露出来，并受到了党中央的高度重视，工业污染防治也逐渐被纳入国家建设发展的框架体系内，国家出台了一系列工业污染防治的政策条例等，为推动绿色发展提供了一定基础。

社会主义革命和建设时期，在大力推进工业化的现实境遇下，污染问题逐渐显露。人类社会进入工业文明以来，工业的发展很大程度上反映并决定了一个国家的综合实力。新中国成立后，为了尽快摆脱贫穷落后、受

①　中共中央文献研究室. 毛泽东文集：第七卷［M］. 北京：人民出版社，1999：34.
②　王永芹，王连芳. 当代中国绿色发展观研究［M］. 北京：社会科学文献出版社，2018：63.
③　中共中央文献研究室. 毛泽东年谱（一九四九——一九七六）：第四卷［M］. 北京：中央文献出版社，2013：373.

制于人的被动局面，中国共产党领导中国人民选择了能够尽快帮助新中国站稳脚跟的工业化道路。1953年，中国共产党领导中国人民开展了发展国民经济的第一个五年计划。"一五计划"的中心任务之一，就是"集中主要力量进行以苏联帮助我国设计的一五六个建设单位为中心的、由限额以上的六九四个建设单位组成的工业建设，建立我国的社会主义工业化的初步基础"①。"一五计划"的高质量完成，为我国社会主义工业化奠定了初步基础。同时，为了快速推进工业化进程，党较为冒进地发动了"大跃进"运动。全国各地大炼钢铁，大办"五小企业"。据相关研究统计，这一时期全国建成简易炼钢炼铁炉60多万个，小炉窑近6万个，小火电站4000多个，小水泥厂9000多个②。这些小企业由于生产技术落后、环保意识薄弱，高耗能高污染导致环境问题在短期内急剧恶化。后又经历"文化大革命"的冲击，工业污染问题被严重忽视。直到1972年，全国开展了污染普查工作，包括对水环境、海洋环境、大气、食品的污染调查和人受污染影响的调查。部分调查结果显示，渤海和黄海沿岸排污工厂有31358家，年排放工业污水超过17.3亿吨；河北省官厅水库的上游242个工厂年污水排放量约1.164亿吨，占官厅水库多年平均来水量的8.3%，造成了严重的水污染；浙江对全省200亿斤（1斤=0.5千克，下同）粮食进行化验，有100亿斤被汞污染，其中4亿斤不能食用③。这些数据表明，我国的生态环境问题已经威胁到了人民群众正常的生产生活，必须加以正视和改进。

社会主义革命和建设时期，中国共产党通过制定标准、条例、规定等开展工业污染防治和生态环境保护。在"一五计划"期间，我国就已经开始制定和颁布相关的工业卫生标准、工业"三废"处理办法等文件。1956年，卫生部颁布了《工业企业设计暂行卫生标准》。1957年，卫生部又颁布了《注意处理工矿企业排除废水、废气问题的通知》《矿产资源保护条例》等。各地方政府根据实际情况也对这些条例办法进行了具体落实。但是由于历史原因，这些政策措施并未持久发挥作用。直到20世纪70年代，

① 中共中央文献研究室. 建国以来重要文献选编：第六册 [M]. 北京：中央文献出版社，1993：410.

② 刘斌. 以人民为中心视域下绿色发展理念研究 [M]. 北京：人民出版社，2021：47.

③ 王文军，刘丹. 绿色发展思想在中国70年的演进及其实践 [J]. 陕西师范大学学报（哲学社会科学版），2019（6）：5-14.

中国的环保事业才得到了充分重视和发展。1972 年，中国政府派人员参加在瑞典斯德哥尔摩召开的联合国人类环境会议，使我们充分意识到了环境保护的重要意义。1973 年，我国召开了第一次全国环境保护会议，提出了"全面规划、合理布局、综合利用、化害为利、依靠群众、大家动手、保护环境、造福人民"的 32 字环境保护工作方针。这次会议还讨论并通过了《关于保护和改善环境的若干规定（试行草案）》，其成为新中国历史上第一部关于环境保护的综合性法规。同年 11 月，国家计委、国家建委、卫生部联合颁布了我国历史上第一个环境保护标准《工业"三废"排放试行标准》①。在党中央的顶层设计和具体保护性法规标准的助推下，新中国的环境保护事业揭开了发展序幕。这些政策法规的制定，为进一步推进生态环境事业，促进绿色发展打下了坚实基础。

总体而言，社会主义革命和建设时期的绿色发展实践展现出了初步探索的阶段性特征。中国共产党领导中国人民在社会主义建设大潮的丰富实践中，紧紧围绕建设主题，一边实践一边探索，及时发现生态环境存在的现实问题，逐渐意识到绿色发展之于国计民生的重要意义，为进一步推进绿色发展奠定了坚实的认识论基础。并且，在 20 世纪 70 年代初，能够充分意识到生态环境问题的重要性，是我们党这一时期推进绿色发展的重要历史经验，为下一阶段更进一步丰富发展绿色实践提供了宝贵历史镜鉴。

第三节　改革开放和社会主义现代化建设新时期：
以改革之需丰富绿色发展

改革开放和社会主义现代化建设新时期，中国共产党深刻意识到改革的重要性。中国共产党领导中国人民紧紧围绕改革主线，进入了社会主义现代化建设的新阶段。这一时期，中国共产党把解放和发展生产力作为党和国家的中心任务，确立了以经济建设为中心，坚持四项基本原则和坚持改革开放的基本国策。与此同时，环境保护和生态治理也逐渐被纳入国家发展的整体规划，绿色发展理念得到优化，推进绿色发展的方式得到科学技术的助力。在绿色发展的保障上，法治化建设进一步发挥作用，逐渐形

---

① 秦书生，王新钰. 中国共产党百年生态文明建设思想的演进历程［J］. 城市与环境研究，2021（2）：33-46.

成了较为丰富的法规制度保障体系。改革开放和社会主义现代化建设新时期的一系列绿色发展实践历程和实践成就标志着我国绿色发展迈向了一个新台阶。相较于前两个历史时期而言，绿色发展不再是具体分散式的点状探索，而更加注重从理念到行动的整体设计和发展，为进一步深化绿色发展提供了新的起点。

一、优化发展理念丰富绿色内涵

发展理念关乎发展的方向、策略和质量。在改革开放和社会主义现代化建设新时期，中国共产党领导中国人民奋力解放和发展生产力，使人民群众的生活得到了改善。发展的成就来自发展理念的不断优化，中国共产党把改革作为开路先锋，不断解放思想、突破束缚，开辟出了一条推进社会主义现代化建设的新路。就发展理念而言，中国共产党提出协调发展、可持续发展和科学发展观等新思想新战略，逐步聚焦生态文明建设，凸显了绿色发展的意涵，为绿色发展的深入推进提供了思想理念基础。

采取因地制宜的战略方针，推进协调发展。改革开放初期，我们倾向于一心一意搞建设、全心全意谋发展，把过多的精力聚焦在经济发展上，自然环境和生态保护并未得到应有的重视。自然灾害的频发和生态环境的恶化使我们必须正视这一问题，而且在中国这样一个幅员辽阔的国家，还要根据不同地方的实际情况制定因地制宜的治理方案。1979 年，邓小平在桂林考察时指出，"要保护风景区。桂林那样的好山水，被一个工厂在那里严重污染，要把它关掉。"[1] 由此看出，我们虽然大力推进经济建设，但并不是要唯经济论，而是要依据地区的情况和特色，注重协调发展，不能丢了西瓜捡芝麻。1982 年，邓小平在谈到中国黄土高原地区的水土流失问题时指出，"黄河所以叫'黄'河，就是水土流失造成的。我们计划在那个地方先种草后种树，把黄土高原变成草原和牧区，就会给人们带来好处，人们就会富裕起来，生态环境也会发生很好的变化。"[2] 根据黄土高原的实际情况采取切实有效的治理办法，不仅能够改善人民群众的生产生活，同时也涵养了生态环境。1986 年，《中国自然保护纲要》经国务院环

---

① 中共中央文献研究室. 邓小平年谱（一九七五—一九九七）：上卷 ［M］. 北京：中央文献出版社，2004：466.

② 中共中央文献研究室. 邓小平年谱（一九七五—一九九七）：下卷 ［M］. 北京：中央文献出版社，2004：868.

境保护委员会正式发布，其中针对资源开发问题明确指出，"在开发自然资源时，要在调查研究的基础上，按照不同的类型、区域和特点，制定符合实际的保护和开发规划，坚持因地制宜。"① 由此看来，我们对自然资源的开发利用和生态环境的涵养保护的认识已经达成了一定共识，就是要在因地制宜中推进自然资源和生态环境的协调发展。

　　实施可持续发展战略，彰显绿色发展底蕴。在大力发展经济的时代背景下，生态问题日益凸显并影响着人民群众正常的生产生活，人口、资源、环境等问题成为全人类关注的焦点命题。1992年，联合国召开了环境与发展大会，我国也开始考虑酝酿实施可持续发展战略。1994年，我国发表了《中国21世纪议程：中国21世纪人口、环境与发展白皮书》，提出了可持续发展的总体战略、对策和行动方案。江泽民在党的十五大上明确指出，"我国是人口众多、资源相对不足的国家，在现代化建设中必须实施可持续发展战略。"② 由此，可持续发展战略正式成为党和国家推进社会主义现代化建设中必须遵循和坚守的战略指向。可持续发展战略的核心就是要正确处理发展过程中人口、资源、环境的关系问题。可持续发展战略虽然没有在字面上明显聚焦绿色发展，但实质上却蕴含了绿色发展的核心要义。绿色发展的核心之一就是要实现可持续发展，在发展中注重统筹协调，注重整体效益，注重资源环境的永续循环发展。可持续发展战略的制定和实施，为我国生态实践和绿色发展提供了强大助推力，标志着自改革开放以来我国绿色发展进一步推进了认识和实践的相互统一，为持续深化绿色发展奠定了坚实基础。

　　坚持科学发展观，促进人与自然和谐发展。进入21世纪以来，生态环境问题和绿色发展议题更加成为人类社会广泛关注并深入探索的核心问题。以胡锦涛同志为总书记的党中央结合中国发展实际提出了科学发展观的发展理念，旨在推进以人为本的全面、协调、可持续的发展，强调把科学发展观贯穿于发展的整个过程和各个方面。在党的十七大上，胡锦涛明确提出了建设生态文明的战略目标。胡锦涛指出，"建设生态文明，实质上就是要建设以资源环境承载力为基础、以自然规律为准则、以可持续发展为目标的资源节约型、环境友好型社会……要加快形成可持续发展体制

---

① 国家环境保护总局，中共中央文献研究室. 新时期环境保护重要文献选编［M］. 北京：中央文献出版社，中国环境科学出版社，2001：93.
② 江泽民. 江泽民文选：第二卷［M］. 北京：人民出版社，2006：26.

机制，在全社会牢固树立生态文明观念，大力发展循环经济，大力加强节能降耗和污染减排工作，经过一段时间努力，基本形成节约能源资源和保护生态环境的产业结构、增长方式、消费模式。"① 建设生态文明的提出，更加明确了绿色发展的核心要义。生态文明就是建立在人与自然、社会和谐发展基础上的文明形态，促进人与自然的和谐发展已经成为人类社会的高度共识，绿色发展的本真含义得到了丰富诠释。以人与自然和谐发展为宗旨，通过建设资源节约型和环境友好型社会助推绿色发展实践在社会主义现代化建设中发挥更大作用、做出更大贡献。

二、利用科学技术推进绿色发展

科学技术的发展是人类文明进步的重要标志。近代以来，科学技术逐渐成为评判社会发展和国家实力的综合指标，先进的科学技术成为勇立时代潮头、引领时代发展的风向标。改革开放以来，我们党深刻认识到发展的重要性，通过改革冲破固有束缚和障碍，大力发展生产力，把科学技术摆在重要位置，提倡以科技引领时代发展。在绿色发展的实践中，我们党也更加注重运用科学技术破解环境污染难题，运用科学技术大力发展清洁环保能源，为深入推进绿色发展注入了鲜活动力，也使我国绿色发展实践步入了新赛道。

改革开放和社会主义现代化建设新时期，党对运用科学技术推进绿色发展的认识达到新高度。1978 年，邓小平在全国科学大会开幕式上的讲话中指出，"四个现代化，关键是科学技术的现代化。没有现代科学技术，就不可能建设现代农业、现代工业、现代国防。"② 科学技术作为第一生产力的作用得到了应有的重视。同年，国务院环境保护领导小组发布《环境保护工作汇报要点》。其中，对于利用科学技术推进防止污染工作提出了建议，认为"要大力开展各行各业防治污染、'三废'综合利用技术的研究和环境科学基础理论的研究……要加强科技成果的交流，大力推广先进的防治污染技术"③。这一建议的提出，为利用科学技术推进污染防治指明了方向。1989 年，江泽民在国家科学技术奖励大会上的讲话中指出，"全

---

① 胡锦涛. 胡锦涛文选：第三卷 [M]. 北京：人民出版社，2016：6-7.
② 邓小平. 邓小平文选：第二卷 [M]. 北京：人民出版社，1994：86.
③ 国家环境保护总局，中共中央文献研究室：新时期环境保护重要文献选编 [M]. 北京：中央文献出版社，中国环境科学出版社，2001：16.

球面临的资源、环境、生态、人口等重大问题的解决，都离不开科学技术的进步。"① 换而言之，绿色发展实践必须注入科学技术动力才有出路、有发展、有成效。2005 年，胡锦涛在中央人口资源环境工作座谈会上的讲话中指出，"突破能源资源对经济发展的瓶颈制约，改善生态环境，缓解经济社会发展与人口资源环境的矛盾，必须依靠科技进步和创新……切实提高能源资源利用效率，改善生态环境。"② 紧紧依靠科技创新推动生态环境改善和促进绿色发展已经成为重要的方式方法，科技创新的强大动力为绿色发展实践注入了革新能量。

改革开放和社会主义现代化建设新时期，随着我国科学技术的创新突破，产生了一系列有利于生态环境保护和促推绿色发展的科技成果。在基础研究领域，由中国科学院牵头，在 2004 年完成了中国高等植物资源的百科全书《中国植物志》的全部出版，全书 80 卷 126 册，共 5 000 多万字，记载了中国维管束植物 301 科、3 408 属、31 142 种，包括 9 080 幅图版，是世界上已出版的规模最大、内容最丰富的植物志书③。该成果获得了 2009 年度国家自然科学奖一等奖。在生态系统研究领域，1988 年以来，中国科学院整合有关研究所野外观测研究站，建立了中国生态系统研究网络（CERN）。经过 30 年的建设发展，CERN 已成为集生态系统动态监测、科学研究、技术示范、科技咨询和科普教育为一体的国家科技平台，并获 2012 年度国家科学技术进步奖一等奖，为我国生态环境领域科技进步和生态文明建设提供了强有力支撑。在能源清洁利用领域，山西煤化所自主研发了高温铁基浆态床煤炭间接液化技术，关键技术指标国际领先，并获 2005 年中国科学院杰出科技成就奖；中国科学院大连化学物理研究所开发出具有自主知识产权的甲醇制取低碳烯烃（DMTO）成套工业化技术，甲醇转化率接近 100%，低碳烯烃选择性达 90%，处于世界领先水平，并获 2011 年度中国科学院杰出科技成就奖。这些关键技术的突破，为能源清洁利用和从污染源头消除环境污染提供了科技力量。在自然生态保护方面，中国科学院自然资源综合考察委员会联合全国近 80 个单位的上千名专家，

---

① 江泽民. 论科学技术 [M]. 北京：中央文献出版社，2001：2.

② 中共中央文献研究室. 改革开放三十年重要文献选编（下）[M]. 北京：中央文献出版社，2008：1494.

③ 中国科学院. 中科院发布改革开放四十年 40 项标志性重大科技成果 [N]. 中国科学报，2018-12-20（01）.

于 1973—1980 年开展了全面、系统的第一次青藏高原综合科学考察，填补了青藏高原研究空白，为青藏高原生态保护和经济社会发展提供了科学依据。相关研究成果获得了 1987 年度国家自然科学奖一等奖。整体而言，在绿色发展实践中，科技支撑发挥出的强大力量进一步助推了绿色发展走深走实的步伐。

三、通过建章立制保障绿色实践

改革开放和社会主义现代化建设新时期，改革步伐迅猛推进、改革领域深刻广泛、改革成果充分涌现，如何巩固并保障改革效益是一个事关改革成效的重要命题。中国共产党通过建章立制的办法把改革举措和改革成果固定下来，形成了具有法律效应和机制保障的规章制度、法律条文等，从而保障改革成效能够持久发力。在绿色发展的实践中，及时把绿色发展的改革创新成果通过建章立制的办法固定下来，成为这一时期推进绿色发展、促进人与自然和谐共生的一个重要保障路径。纵观这一时期针对绿色发展的建章立制情况，其可以分为两大板块的内容：一是从中央到地方有关绿色发展的政策文件等的出台，二是同绿色发展息息相关的法律条文的颁布。

改革开放和社会主义现代化建设新时期，中国共产党先后组织召开了六次全国环境保护大会，不断优化和精进绿色发展的顶层设计和总体方略，为推进绿色发展指明了方向。1983 年 12 月 31 日至 1984 年 1 月 7 日，第二次全国环境保护会议在北京召开，此次会议将生态环境保护确立为基本国策，提出了经济建设、城乡建设和环境建设同步规划、同步实施、同步发展的指导方针。1989 年 4 月 28 日至 5 月 1 日，第三次全国生态环境保护会议召开，会议通过了《1989—1992 年环境保护目标和任务》和《全国 2000 年环境保护规划纲要》两份指导性文件，同时提出了 5 项新的制度和措施，形成了我国环境管理的"八项制度"。1996 年 7 月，第四次全国环境保护会议召开，国务院发布了《关于加强环境保护若干问题的决定》，明确了面向 21 世纪的生态环境保护的总体方略。2002 年 1 月，第五次全国环境保护会议召开，时任国务院总理朱镕基在会上指出，保护环境是我国的一项基本国策，是可持续发展战略的重要内容，直接关系现代化建设的成败和中华民族的复兴。会议重点针对贯彻落实国务院批准的《国家环境保护"十五"计划》而展开，部署"十五"期间的环境保护工作。2006

年 4 月，第六次全国环境保护会议召开，重点强调"加快实现三个转变"，即从重经济增长轻环境保护转变为保护环境与经济增长并重；从环境保护滞后于经济发展转变为环境保护和经济发展同步；从主要用行政办法保护环境转变为综合运用法律、经济、技术和必要的行政办法解决环境问题。2011 年 12 月，第七次全国环境保护会议召开，重点讨论和审议了《国务院关于加强环境保护重点工作的意见》，为"十二五"期间进一步推进环保工作提供了方向。总体而言，全国环境保护会议不断根据新形势、新情况，优化完善我国环保事业的总体方针和战略指向，形成了一系列纲领性的指导政策文件，为丰富深化绿色发展提供了坚实支撑。

绿色发展的丰富实践需要有法律体系的支撑。改革开放和社会主义现代化建设新时期，我国关于环境保护和绿色发展的立法工作取得了重大进展，不仅将环境保护载入宪法，与此相关的环境保护法律体系也实现了长足进展。1978 年，新修订的《中华人民共和国宪法》将环境保护纳入其中，指出国家要保护环境和自然资源，防治污染和其他公害。这一举措为我国生态环境保护提供了法律层面的基础支撑。1979 年，新中国历史上第一部具有综合性和基础性的环境保护法——《中华人民共和国环境保护法（试行）》公布于世，为我国生态环境法律体系建设奠定了坚实基础。此后，专门性的环境保护法律逐渐发展起来，涵摄了土地、水资源、森林、草原、大气、能源等方面。据不完全统计，分别有《中华人民共和国森林法（试行）》（1979 年）、《中华人民共和国海洋环境保护法》（1982 年）、《中华人民共和国水污染防治法》（1984 年）、《中华人民共和国草原法》（1985 年）、《中华人民共和国土地管理法》（1986 年）、《中华人民共和国大气污染防治法》（1987 年）、《中华人民共和国水法》（1988 年）等相关法律[1]。进入 21 世纪以来，相关部门又陆续颁布了《中华人民共和国放射性污染防治法》（2003 年）、《中华人民共和国节约能源法》（2008 年）、《中华人民共和国水土保持法》（2011 年）等专门性法律。这一时期，我国初步建立起了以《中华人民共和国环境保护法》为基础，以专门性法律为支撑的环境保护法律体系。除此之外，我国还出台了一系列行政法规和部门规章，为绿色发展实践提供了较为全面的规章制度保障。

整体而言，在改革开放和社会主义现代化建设新时期，中国共产党领

---

[1] 陆波，方世南. 中国共产党百年生态文明建设的发展历程和宝贵经验 [J]. 学习论坛，2021（5）：5-14.

导中国人民推进绿色发展的实践呈现出发展理念、发展方式、发展保障一体化推进形态。发展理念的不断深化、发展方式的科技引领、发展保障的法律支撑为绿色发展实践开辟了更为宽阔的新天地。这一时期，虽然还没有完全提出人与自然和谐共生的绿色发展完整内涵，但是，在可持续发展战略、以人为本的科学发展观和建设生态文明的战略实践中，实质上已经内蕴了人与自然和谐共生的绿色发展要义，为新时代丰富完善绿色发展积累了重要经验。

第四节　中国特色社会主义新时代：以高质量发展之需完善绿色发展

中国特色社会主义进入新时代，以习近平同志为核心的党中央坚持以人民为中心，牢牢把握人民日益增长的美好生活需要和不平衡不充分的发展之间的矛盾，以高质量发展为主线，取得了一系列历史性成就和历史性变革，人与自然和谐共生的绿色发展在新时代的时空场域下实现了质的飞跃。习近平总书记指出，"高质量发展，就是能够很好满足人民日益增长的美好生活需要的发展，是体现新发展理念的发展，是创新成为第一动力、协调成为内生特点、绿色成为普遍形态、开放成为必由之路、共享成为根本目的的发展。"① 绿色成为普遍形态是高质量发展的本质要求，新时代的绿色发展集中呈现出了人与自然和谐共生的理念深化，在中国式现代化战略布局中推进绿色实践和面向世界建构"人与自然生命共同体"的绿色发展路向。

一、树立起人与自然和谐共生的绿色发展理念

理念是行动的先导。党的十八大以来，以习近平同志为核心的党中央深化绿色发展理念，提出了一系列推进绿色发展的新观点、新战略、新思想，在生态文明建设的整体框架中突出绿色发展的理论与实践指向，形成了习近平生态文明思想。绿色发展在新时代呈现出了更为丰富和深刻的理论内涵，明确了人与自然和谐共生的绿色发展理念。习近平总书记明确指

---

① 习近平. 习近平著作选读：第二卷 [M]. 北京：人民出版社，2023：67.

出，"绿色发展，就其要义来讲，是要解决好人与自然和谐共生问题。"①
绿色发展成为满足人民日益增长的美好生活需要的重要支撑，高质量推进
绿色发展成为当代中国共产党人肩负的重要历史使命。

党的十八大以来，以习近平同志为核心的党中央以前所未有的力度推
进生态文明建设，深化绿色发展。党的十八大把生态文明建设纳入"五位
一体"的总体布局当中，提出要"把生态文明建设放在突出地位，融入经
济建设、政治建设、文化建设、社会建设各方面和全过程，努力建设美丽
中国，实现中华民族永续发展。"② 美丽中国建设成为党领导人民建设社会
主义现代化国家的重要目标之一。这是中国共产党深刻把握人类社会发展
规律的重要体现。习近平总书记深刻认识到，"推动形成绿色发展方式和
生活方式，是发展观的一场深刻革命。"③ 必须从思想理念上突破旧思维的
桎梏，对绿色发展形成新的认识、理解和把握。党的十八届五中全会提出
了"创新、协调、绿色、开放、共享"的新发展理念，为新时代推进高质
量发展提供了认识论根基。习近平总书记号召全党"要牢固树立绿水青山
就是金山银山的理念，守住发展和生态两条底线，努力走出一条生态优
先、绿色发展的新路子。"④ 在党的十九大报告中，将"坚持人与自然和谐
共生"作为新时代坚持和发展中国特色社会主义的十四条基本方略之一，
并将建设美丽中国作为社会主义现代化强国目标之一加以推进。人与自然
和谐共生的绿色发展理念已经成为中国共产党领导人民开展治国理政、推
进中国特色社会主义发展的基本方略。在党的二十大上，习近平总书记进
一步强调，"必须牢固树立和践行绿水青山就是金山银山的理念，站在人
与自然和谐共生的高度谋划发展。"⑤ 站在人与自然和谐共生的高度谋划发
展，成为新时代新征程推进社会主义现代化强国建设的重要指针。

进入新时代以来，人与自然和谐共生的绿色发展呈现出鲜明的系统
性、辩证性和创新性特征。人与自然和谐共生的绿色发展是新时代建设生
态文明的总体指针。一是鲜明的系统性特征。过去很长一段时间，我们虽

① 习近平. 习近平著作选读：第一卷 [M]. 北京：人民出版社，2023：431.
② 中共中央党史和文献研究院. 全面建成小康社会重要文献选编：上 [M]. 北京：人民出
版社，新华出版社，2022：676.
③ 习近平. 论坚持人与自然和谐共生 [M]. 北京：中央文献出版社，2022：168.
④ 习近平. 论坚持人与自然和谐共生 [M]. 北京：中央文献出版社，2022：141.
⑤ 习近平. 高举中国特色社会主义伟大旗帜 为全面建设社会主义现代化国家而团结奋斗：
在中国共产党第二十次全国代表大会上的报告 [M]. 北京：人民出版社，2022：50.

然意识到生态环境的重要性，也积极应对和化解生态环境危机，走过了从只污染不治理到边污染边治理的路子。进入新时代以来，习近平总书记提出，"要提高战略思维能力，把系统观念贯穿到生态保护和高质量发展全过程。"① 从战略层面来看，新时代强调把生态文明建设贯穿到经济建设、政治建设、文化建设和社会建设的各方面和全过程。从实践举措方面来看，新时代提出了山水林田湖草沙系统治理措施，为全方位、全地域、全过程推进绿色发展提供了有力支撑。二是鲜明的辩证性特征。过去很长一段时间，我们把经济发展和生态环境保护对立起来，认为经济发展和生态环境保护是两个相互矛盾的事物，难以实现经济发展和生态环境保护的双赢。进入新时代以来，习近平总书记大力提倡"绿水青山就是金山银山"的生态理念，认为"绿水青山既是自然财富、生态财富，又是社会财富、经济财富。保护生态环境就是保护自然价值和增值自然资本，就是保护经济社会发展潜力和后劲，使绿水青山持续发挥生态效益和经济社会效益。"② 这一重大论断充分展现了新时代中国共产党把经济发展和生态发展相结合的辩证统一性。三是鲜明的创新性特征。新时代推进人与自然和谐共生的绿色发展在理论上凸显了鲜明的创新性。以习近平同志为核心的党中央深刻把握生态文明建设的规律性认识，深刻总结生态文明建设的历史经验，形成了习近平生态文明思想，实现了新时代马克思主义生态文明理论的创新发展。

二、推进中国式现代化战略视域下的绿色发展

党的二十大报告指出，新时代新征程中国共产党的使命就是团结带领全国各族人民全面建成社会主义现代化强国、实现第二个百年奋斗目标，以中国式现代化全面推进中华民族伟大复兴。中国式现代化既有各国现代化的共同特征，更有基于自己国情的中国特色，其中，人与自然和谐共生的现代化就是中国式现代化的鲜明特征。人与自然和谐共生的绿色发展成为中国式现代化进程中必不可少的重要组成部分。推进人与自然和谐共生的现代化是在新时代的伟大实践中逐渐总结提炼出的科学命题，新时代推进人与自然和谐共生的绿色发展伟大成就为加快实现人与自然和谐共生的现代化奠定了坚实基础。

① 习近平. 论坚持人与自然和谐共生 [M]. 北京：中央文献出版社，2022：296.
② 习近平. 论坚持人与自然和谐共生 [M]. 北京：中央文献出版社，2022：10.

新时代人与自然和谐共生的绿色发展取得了一系列历史性成就和历史性变革。进入新时代以来，中国共产党提出"推动绿色发展，建设生态文明，重在建章立制，用最严格的制度、最严密的法治保护生态环境。"① 随之《关于加快推进生态文明建设的意见》《生态文明体制改革总体方案》等纲领性文件相继出台，制定和修订了生态环境领域相关法律法规 30 余部，生态补偿制度、生态保护红线制度、河（湖、林）长制度、排污许可制度、生态环境"党政同责制度"等一大批制度基本建立起了推进绿色发展、建设生态文明的"四梁八柱"。顶层设计和制度建构最终要服务于实践，党中央、国务院坚决开展污染防治攻坚战，提出坚决打赢蓝天保卫战，着力打好碧水保卫战，扎实推进净土保卫战。经过阶段性努力，2021年，全国煤炭占一次能源消费比重降至 56.0%，比 2012 年下降 12.5 个百分点，清洁能源消费比例提高到 25.5%；295 个地级及以上城市（不含州、盟）黑臭水体基本消除；2 783 个涉农县级单位全部完成耕地土壤环境质量类别划分工作②。此外，生态环境修复、人居环境改善、绿色生活方式形成等方面也取得了积极成效。这些历史性成就和历史性变革促推了人与自然和谐共生的绿色发展更加走深走实。

新时代的伟大实践孕育了人与自然和谐共生的现代化。党的十八大以来，以习近平同志为核心的党中央把生态文明建设摆在极端重要的位置。党的十八届三中全会提出了要"推动形成人与自然和谐发展现代化建设新格局"的重要论断。经过实践发展和认识提升，党的十九大报告提出了"我们要建设的现代化是人与自然和谐共生的现代化"的重要论断，人与自然和谐共生的现代化命题正式出场。2018 年，中共中央、国务院印发《关于全面加强生态环境保护 坚决打好污染防治攻坚战的意见》，提出坚决打赢蓝天保卫战，着力打好碧水保卫战，扎实推进净土保卫战，并在2020 年实现阶段性目标。经过实践，到 2020 年超额完成了"十三五"规划纲要确定的生态环境领域 9 项约束性指标和污染防治攻坚战阶段性目标任务。在阶段性实践成果和经验的总结中，习近平总书记在十九届五中全

① 习近平. 论坚持人与自然和谐共生［M］. 北京：中央文献出版社，2022：176.
② 党的十八大以来经济社会发展成就系列报告：生态文明建设深入推进 美丽中国引领绿色转型［EB/OL］.（2022 - 10 - 09）［2023 - 11 - 11］. https://www.gov.cn/xinwen/2022 - 10/09/content_5716870. htm? eqid = d36253ef00071ad100000006646c2705&eqid = fe8121a40098b94b0000000664958ae8.

会上提出了"我国建设社会主义现代化具有许多重要特征，其中之一就是我国现代化是人与自然和谐共生的现代化"①。明确了人与自然和谐共生的现代化是我国社会主义现代化的重要特征的重大论断。党的二十大对中国式现代化进行了系统阐释，正式提出了"中国式现代化是人与自然和谐共生的现代化"，为奋力推进生产发展、生活富裕和生态良好的文明发展道路提供了科学指南。

三、构建"人与自然生命共同体"的世界路向

人与自然和谐共生的绿色发展是具有世界影响和意义的重大命题，在百年未有之大变局的时代潮流中，绿色发展越来越成为一个具有重大影响力的核心要素。进入新时代以来，以习近平同志为核心的党中央站在人类命运共同体的高度把握绿色发展，提出了"构建人与自然生命共同体"的战略论断。中国共产党把绿色发展的实践向路拓展到了世界舞台，积极参与全球生态气候治理、打造绿色"一带一路"，在绿色发展的双边国际合作中起到了引领示范作用。

进入 21 世纪以来，生态环境危机越来越成为全人类共同面对的生存难题，绿色发展成为人类文明发展的必然选择。地球是人类唯一赖以生存的家园，随着世界人口的增长、工业化进程的深入推进，人类干预自然界的规模和力度不断扩大，生态系统表现出了难以承受的现实表征。水土流失、草原退化、冰川融化、气候异常、生物多样性丧失、水资源枯竭等生态失衡现象全面爆发。人类社会的高速发展和生态系统的严重退化呈现出了极大裂缝。面对这一困境和难题，以习近平同志为核心的党中央站在人类命运共同体的高度，积极承担国际责任、体现大国担当，提出了"构建人与自然生命共同体"的战略论断。习近平总书记积极向国际社会呼吁，"面对全球环境治理前所未有的困难，国际社会要以前所未有的雄心和行动，勇于担当，勠力同心，共同构建人与自然生命共同体。"② 因为面对生态危机和人类生存难题，所有人、所有国家都不可能置身事外，"人类只有一个地球，人类也只有一个共同的未来。无论是应对眼下的危机，还是

---

① 习近平. 习近平著作选读：第二卷 [M]. 北京：人民出版社，2023：462.
② 习近平. 论坚持人与自然和谐共生 [M]. 北京：中央文献出版社，2022：274.

共创美好的未来，人类都需要同舟共济、团结合作。"① 中国共产党领导中国人民主动遵循《联合国气候变化框架公约》及其《巴黎协定》的目标和原则，成为全球生态文明建设的重要参与者、贡献者和引领者。

作为一个负责任的大国，中国始终坚持言行并重、行胜于言，在推动全球绿色发展的实践中贡献了中国智慧和中国力量。在推进全球生态气候治理方面，中国向世界宣布力争在 2030 年前实现碳达峰、2060 年前实现碳中和。这将完成全球最高碳排放强度降幅，用全球历史上最短时间实现碳达峰到碳中和，充分展现了中国作为一个负责任大国的历史担当。与此同时，中国还积极开展应对气候变化的南南合作，2016 年起在发展中国家启动 10 个低碳示范区、100 个减缓和适应气候变化项目、1 000 个应对气候变化培训名额的合作项目，实施了 200 多个应对气候变化的援外项目②。在绿色实践的国际合作方面，中国在共建"一带一路"合作框架内积极倡导建设绿色"一带一路"，呈现出了一大批绿色发展实践成果。中国先后发布《关于推进绿色"一带一路"建设的指导意见》《关于推进共建"一带一路"绿色发展的意见》等，提出 2030 年共建"一带一路"绿色发展格局基本形成的宏伟目标。中国与联合国环境规划署签署《关于建设绿色"一带一路"的谅解备忘录》，与有关国家及国际组织签署 50 多份生态环境保护合作文件；与 31 个共建国家共同发起"一带一路"绿色发展伙伴关系倡议，与 32 个共建国家共同建立"一带一路"能源合作伙伴关系；发起建立"一带一路"绿色发展国际联盟，成立"一带一路"绿色发展国际研究院，建设"一带一路"生态环保大数据服务平台，帮助共建国家提高环境治理能力、增进民生福祉；积极帮助共建国家加强绿色人才培养，实施"绿色丝路使者计划"，已为 120 多个共建国家培训 3 000 人次；制定实施《"一带一路"绿色投资原则》，推动"一带一路"绿色投资③。这些丰硕成果充分展现中国在绿色发展中的世界胸怀和大国担当，为全球绿色发展注入了强大动力。

整体而言，中国共产党领导中国人民百余年的人与自然和谐共生的绿

---

① 习近平. 论把握新发展阶段、贯彻新发展理念、构建新发展格局 [M]. 北京：中央文献出版社，2021：498.

② 中华人民共和国国务院新闻办公室. 新时代的中国绿色发展[EB/OL]. (2023-01-19) [2023-11-12]. https://www.gov.cn/xinwen/2023-01/19/content_5737923.htm.

③ 中华人民共和国国务院新闻办公室. 新时代的中国绿色发展[EB/OL]. (2023-01-19) [2023-11-12]. https://www.gov.cn/xinwen/2023-01/19/content_5737923.htm.

色发展演进，经历了由萌芽孕育—初步探索—丰富发展—全面深化四个时期的历史蝶变，呈现出了紧紧围绕阶段性社会发展的主题主线开展绿色发展实践的鲜明特征。中国共产党领导中国人民推进的人与自然和谐共生的绿色发展，是经过百余年的历史积淀、实践探索、经验总结而形成的具有中国特色、中国风格、中国气派的绿色发展智慧结晶。从以革命之需萌发绿色发展，到以建设之需探索绿色发展实践，再到以改革之需丰富完善绿色发展，最终在新时代的时空场域形成了人与自然和谐共生的绿色发展理论和实践体系。百余年的生动实践充分阐释了中国共产党领导中国人民推进人与自然和谐共生的绿色发展的历史智慧和责任担当，为人类文明的赓续发展贡献了中国智慧和中国力量。

第四章　人与自然和谐共生的绿色发展时代要求

任何一种理论的生成和发展都依托于具体的历史实践，并在历史演变的进程中呈现出鲜明的时代特征。人与自然和谐共生的绿色发展形成于清除现实障碍与藩篱的过程中，也脱胎于新时代追求高质量发展的呼唤中。具体而言，人与自然和谐共生的绿色发展的时代要求表现为：一是面向世界科技前沿，绿色发展是解决人类社会生态危机的必由之路；二是面向经济主战场，绿色发展是突破传统发展道路窠臼的现实之需；三是面向国家重大需求，绿色发展是推进生态治理现代化的重中之重；四是面向人民生命健康，绿色发展是满足群众美好生活期盼的应然之举。

第一节　面向世界科技前沿：绿色发展是解决人类社会生态危机的必由之路

生态危机伴随工业文明的进程而出现，是人类发展面临的共同问题。面对生态危机全球化趋势的日益蔓延，解决人类当前面临的生态问题是最为紧迫的选择。谋求人与自然和谐共生的绿色发展，需要在厘清生态危机的缘起与演进的基础上，通过深刻剖析诱发生态危机的直接或间接的原因，进一步明确化解人类生态危机的重要意义。

一、全球化的生态危机致使人类生存环境遭受严重破坏

生态危机是指人类某种盲目或过度的不恰当行径致使生态环境遭到严重破坏的现象，而生态系统的失衡又使人的可持续发展被迫受到影响，因此危机的实质在于人在生存与发展的过程中如何实现可持续的发展。人与

自然的关系在实践中呈现出不同结果，生态结果的和谐与否、危机与否都只是其外在表现。在各历史时期，生态危机的出现都有规可循。伴随着生产力的发展和文明程度的提高，也囿于人们生产生活方式的不同，生态问题的呈现类型和影响程度存在差异。旧石器时代，人类依靠猎杀动物和采集植物为生，对大自然处于完全依赖阶段，自然界的生态尚且能够自洽。新石器时代，人类通过作物栽培、圈养动物、定居生活步入农业社会，开始有选择地创造和利用自然资源。人类对自然的改造力度与生态环境正向相关，改造力度越大意味着面临的生态问题越突出。农业和畜牧业的发展促使人类实现了对自然资源的自由支配，但同时人类也面临着因资源利用不当而造成的生态恶化危机。雅各布森撰写的《古代的盐化和灌溉农业》一书中提到，苏美尔人为满足粮食需要不断扩张农业种植范围，不仅滥伐森林加剧水土流失和土地盐碱，地中海气候的雨水冲刷也导致灌溉渠淤积，以及生物多样性的匮乏等共同作用造成苏美尔文明消亡。《泥板上不朽的苏美尔文明》就记载了环境恶化和农田盐碱化是导致苏美尔文明灭亡的原因。可见，生态危机意味着人与自然的关系在认知和实践过程中的异化，但这种异化并非是无规律可循的。

但凡任何一个国家出现生态问题，其他国家都难以独善其身，生态问题已成为威胁全球人类生存发展的重要课题。气候变暖是当前全球面临的最严重的生态问题之一，最能引发人们对环境污染的关注。工业化是造成温室气体排放量指数式上升的重要原因，温室气体增多是引发全球气候变暖、极端天气增多的突出表现。伴随着工业化和城市化的快速推进，二氧化碳等温室气体的大量排放、自然资源的过度消耗、气温持续升高成为气候变化的一大趋势，与之相伴的极端天气、海平面上升等问题层出不穷。联合国政府间气候变化专门委员会（IPCC）发布的第六次评估报告提出："多种可行和有效的方案减少温室气体排放和适应人类活动引起的气候变化，化石燃料燃烧的不得当、能源和土地使用的不可持续，造成工业革命后全球升温 $1.1℃$，极端天气的出现愈发强烈频繁，生态系统面临的风险进一步增强。"[1] 从历时态看，自 20 世纪 80 年代以来，全球气温呈上升趋势，仅 1981 年至 1990 年的 10 年间的气温就比 100 年前上升了 $0.48℃$。厄尔尼诺现象更是促使全球变暖走向新高峰，每 15 至 20 年就会出现一次，

---

[1]　IPCC 发布第六次评估报告《综合报告》[N]. 中国气象报，2023-03-21（01）.

1900 年至今已出现 28 次厄尔尼诺现象，全球正经历气温变暖、海平面上升、海洋热量增高带来的生态危机。从共时态看，南极和北极地区受全球气候变暖的影响，冰川消融的速度不断加快，以致全球海平面上升；亚非地区干旱和洪涝灾害导致作物减产，以致生态系统遭受破坏；欧美地区极端高温和寒冷天气事件频发；沿海地区灾难性的风暴潮发生频率加大，中国上海等地势较低的地方面临被淹没的危机……因全球气候变暖而造成的恶劣影响正在世界各地频频上演。日本学者岩佐茂认为，20 世纪是"全球规模环境破坏的世纪"①。日本排污入海的政治决策是日本为减轻自身要承担的环境压力选择的最不负责的方案，其实质是精心设计的向世界转嫁的污染，核污水排放引发的放射性物质的介入，直接影响海洋生物种群结构及生长繁衍，继而影响整个海洋生态系统，既在水平方向上依靠生物的主动迁移传播污染，也在垂直方向上进入深层海洋影响其他污染物的传播和沉积。同时，海洋生态系统与陆地生态系统紧密相连，海水倒灌和大气环流等会使海洋污染进入陆地系统，最终对全球生态环境造成严重威胁和无可挽回的损失。生态危机正在全球蔓延，已经直接威胁到人类赖以生存的整个地球生态系统。为有效应对全球气候变化引发的生态危机，越来越多的国家参与到应对气候变化的国际合作中，联合国成员国通过签署《巴黎协定》控制气温上升幅度，多方组织和个体落实新能源、节能减排等措施。

环境污染、资源短缺以及生物多样性丧失，是生态危机最为明显的负面影响。其一，环境污染主要表现为："三废"污染、酸雨污染、气候变暖、农药污染等。"保护生态环境，应对气候变化，维护能源资源安全，是全球面临的共同挑战。"② 其二，生存环境的稳定和经济的飞速发展是人口迅速膨胀的重要原因，而庞大的人口基数、过快的增长速度，意味着人类对资源的需求和消耗也在不断增大，对地球造成的污染愈发严重，以致资源短缺在全球范围内上演，生态系统承担的压力日益繁重。譬如淡水、土地等是制约经济发展最为严峻的资源，地球表面有三分之二被水覆盖，但只有 3% 是可以饮用的淡水资源，而其中 2% 被封存于极地的冰川之下。

---

① 岩佐茂. 环境的思想：环境保护与马克思主义的结合处 [M]. 韩立新，译. 北京：中央编译出版社，1997：1.

② 中共中央文献研究室. 习近平关于社会主义生态文明建设论述摘编 [M]. 北京：中央文献出版社，2017：127.

庞大的人口总数对人均饮水量构成威胁，特别是工业化和城市化的发展对水资源的刚性需求愈发增大，因而人们不得不过量开采地下水，于是造成了地下水位下降、污水倒灌等现象。全球人均生活用水量是每人每天 20～50L，发达国家一般超过 50L，发展中国家一般低于 50L，在一些淡水资源极其匮乏的地区，人均生活用水量可能仅每人每天 20L。其三，不合理利用资源导致的生物多样性丧失。一方面，贸易需求产生的盗猎是导致濒危物种减少的重要原因。经济全球化带来的日益频繁的贸易交流，加速了对全球自然资源的开发和利用，一些经济落后地区的丰富的生物多样性加速丧失。另一方面，对自然资源利用方式的改变是直接驱动生物多样性丧失的关键原因。20 世纪 70 年代以来，大量开垦土地、建设基础设施、扩张沿海城市、修建水电大坝等土地利用方式的改变，导致海陆生物多样性丧失。此外，毁林发展、过度捕捞、物种入侵等是导致生物多样性丧失的驱动因素。环境的破坏直接影响了物种和群落结构，生物被动迁移和扩散，生态平衡不得已遭到破坏，继而传导至生物多样性，原有的物种结构遭受威胁。生物多样性保护和资源利用是有机结合的整体，对自然资源的利用应在保护生态环境的前提下进行。生态危机的负面影响促使人的绿色发展意识觉醒。人的生存和发展是在大自然这一基础上展开的，深刻认识生态危机的负面影响有助于推动人与自然和谐相处。

二、推进绿色低碳科技自立自强以应对全球性生态危机

工业革命导致的能源需求增加、环境污染加剧、资源能耗扩大等问题，对人类赖以生存和发展的生态环境造成了全球性的恶劣影响。在以资本逻辑为主的认知框架的驱使下，人类为了追求资本增值和利润扩张，以前所未有的速度和方式，无休止地消耗利用和攫取自然资源，人与自然的冲突不断蔓延，上升演变为世界范围的生态危机。相较于发达国家，发展中国家面临的生态问题更为严重。20 世纪 60 年代，发达国家在发展经济的过程中忽视了环境保护，其本质是资本主义无法克服的"资本主义生产方式的无限扩张性与自然生态系统的有限性之间的矛盾"，以至于酿成了不少污染环境的公害事件。为此，发达国家开始通过转移污染工业等方式缓解生态压力。而发展中国家为了顺应工业化和时代化进程，自然承接了由发达国家转移来的工业，生态系统面临的问题显现。进入 20 世纪 80 年代以来，全球范围内的环境污染严重威胁生态系统平衡，直接影响到人类

的生存与发展。进入 21 世纪以来，全球化的趋势发展也蔓延至生态领域，生态问题成为愈加复杂的全球性危机。人类生存和发展方式的不合理是诱发生态危机的直接原因，化解危机的本质就在于正确处理好人与自然的关系，促使人们利用科技手段在实践中自觉践行生活环境保护。

生产力的发展和工业技术的革新提高了人类改造自然的能力，为我们改善生态环境和推动绿色发展提供了重要的科技发明。工业革命以来的生态危机对人类的生存发展造成威胁，但工业革命兴起引发的经济全球化，既创造了巨大的社会生产力，也推动工业技术得到提升。西方国家通过科技手段改善人与自然之间的关系，形成了悲观主义和乐观主义两种思想。以罗马俱乐部为代表的悲观主义，提出了著名的《增长的极限：罗马俱乐部关于人类困境的报告》，以人与自然的关系问题为核心展开对全球性问题的阐述，指出在开发利用自然资源的过程中，人类生存和发展的生态圈不得不收缩范围，以致因生存空间压缩而造成自然灾害日益繁多，但与此同时，经济增长的恶劣影响可以通过技术手段得到解决。芭芭拉·沃德等人认为，科学、市场和国家是造成人口资源耗损、环境污染加剧的重要原因。简言之，"这样就使掌握技术的人类，正在经历着改变地球上自然体系的过程，而这种改变过程，却又是非常危险的，而且可能是无法挽救的。"[①] 伴随着科学技术的发展，人类生存发展的环境质量变得可控，对"人类困境"的乐观主义看法逐步出现。以赫尔曼·卡恩为代表的乐观主义认为"技术不仅可以使我们免于自然的暴戾而且还慷慨地授予我们富裕的生活。结果必然就是，一旦自然的奥秘臣服于科学理智和资本主义合理性，人类也就从终生艰辛枯燥的劳作中解脱出来获得了自由。"[②] 科技随社会发展而不断进步，其对改善环境的作用不可替代。然而，科技进步造成的人的主体地位的提升、人与自然的分离是生态危机产生的根源。

科学技术是经济发展和环境保护的有力支撑，推进绿色低碳科技自立自强是应对全球性生态危机的必要举措。2020 年 9 月，习近平总书记在科学家座谈会上提出"四个面向"，其中占据首位的是"面向世界科技前沿"。2023 年，黄润秋在全国生态环境保护工作会议上的工作报告中，提

① 芭芭拉·沃德，勒内·杜博斯. 只有一个地球：对一个小小行星的关怀和维护 [M].《国外公害丛书》编委会，译. 长春：吉林人民出版社，1997：14.

② 詹姆斯·奥康纳. 自然的理由：生态学马克思主义研究 [M]. 唐正东，臧佩洪，译. 南京：南京大学出版社，2003：320.

到"强化生态环境治理科技支撑"①。一是以问题为导向突破生态环境基础理论，建立生态环境的全国重点实验室，形成变革性理论和颠覆性技术，以此将理论应用于指导实践。二是集中精力攻破绿色低碳领域"卡脖子"难关，推动传统行业的工艺、技术、装备升级，尽可能满足美丽中国建设的重大需求、实现绿色低碳转型。三是在科学治污方面持续改善环境质量，"鼓励使用更多现代科技和信息化手段"②。围绕新旧污染物、过程减量、综合治理等科技需求，加快开展防污减排、减污降碳等技术研究。四是深化数字技术等在绿色低碳领域的运用，以多源大数据对环境进行智能分析、检测、管控等，正确处理污染物重点攻坚和协同治理的关系，构建起美丽中国数字化治理体系。五是积极建立全球气候观测和模拟网络，制定和实施生态环境科技创新行动。因此，坚持绿色低碳科技自立自强为人与自然和谐发展指明了科技创新方向。

第二节　面向经济主战场：绿色发展是突破传统发展道路窠臼的现实之需

绿色发展是发展观的一场深刻革命，其揭示了突破传统发展道路的方式方法。不可持续的传统工业发展模式严重阻滞了经济社会的发展。因此，绿色、低碳、循环的发展方式对推动经济社会高质量发展具有重要意义。

一、传统工业发展模式逐步由不可持续发展转向可持续发展

不可持续发展是传统工业发展模式的特征，绿色发展要求突破传统发展道路窠臼，我国发展方式逐步从不可持续迈向可持续。不可持续是指某种行为会对社会、环境、资源等造成恶劣影响，造成资源枯竭、生态破坏、环境恶化等负面情况，甚至波及未来社会的发展状况。工业革命以来，许多国家为了追求经济发展大量开采自然资源，这类活动必然会造成

---

① 黄润秋. 深入学习贯彻党的二十大精神 奋进建设人与自然和谐共生现代化新征程：在2023 年全国生态环境保护工作会议上的工作报告 [J]. 环境保护，2023，51（4）：14-25.
② 黄润秋. 深入学习贯彻党的二十大精神 奋进建设人与自然和谐共生现代化新征程：在2023 年全国生态环境保护工作会议上的工作报告 [J]. 环境保护，2023，51（4）：14-25.

资源损耗和环境破坏，经济、社会和环境之间难以维持动态平衡的状态。我国作为发展中国家，面临比国际社会更为严峻的生存压力。经济效益低下、资金技术匮乏、生态相对脆弱、环境恶化加速、资源承载过高、人口总数众多、活动强度过大、人民生活拮据等，都是我国在追求经济发展过程中面临的突出困境。伴随着经济发展与生态环境之间的矛盾开始凸显，以及出于对人均资源相对不足和生态环境基础薄弱的考量，可持续发展战略的提出成为解决环境与发展矛盾的明智选择。

可持续发展是指在满足当代人需求的基础上不损害子孙后代的利益，既包括能满足当下人们的基本需求，也意味着未来环境造成的伤害是有限度的，它追求的是经济发展与生态保护之间的平衡关系，关注的是经济、社会和环境之间的协调发展，坚持的是以人为本的发展理念，推动的是公平性和包容性发展。"可持续发展"在 20 世纪 80 年代开始登上历史舞台，于 1987 年世界环境与发展委员会在《我们共同的未来》中被正式提出，此后受到国际社会的普遍认可。20 世纪 90 年代，联合国对环境问题高度重视。1992 年，国际环境和发展大会召开，《里约热内卢宣言》和《21 世纪议程》发布，意味着可持续发展成为全球性战略，也成为未来我国寻求长期发展要坚持的战略。在国际条约的引领和束缚作用下，1995 年党的十四届五中全会提出："在我国现代化建设中，必须把实现可持续发展作为一项重大战略"①，从控制人口、节约资源、保护环境的角度阐明实现良性循环的可行性。1997 年，党的十五大报告将可持续发展战略确定为我国的一项基本战略；1999 年，《中国可持续发展战略报告》提出了可持续发展的三大目标；2002 年，党的十六大直指西方国家"先污染再治理"的问题，警醒中国要走"科技含量高、经济效益好、能源消耗低、环境污染少、人力资源优势得到充分发挥的新型工业化路子"②。可持续发展促进了传统工业发展模式的转变，防止了人类过度破坏生态环境的行为，为经济社会的发展提供了良好的生态环境基础。它不再走先污染后治理、先破坏后恢复、先开采后保护的老路，某种程度上确保了人类不会因短期效益而耗尽自然资源，统筹兼顾了短期效益和长远效益、经济发展和生态环境，从而为经济社会的高质量发展奠定了坚实的物质基础。

---

① 江泽民. 江泽民文选：第一卷 [M]. 北京：人民出版社，2006：518.

② 江泽民. 全面建设小康社会 开创中国特色社会主义事业新局面 [M]. 北京：人民出版社，2002：21.

二、高污染、高耗能、高排放向绿色、低碳、循环经济转变

高污染、高耗能、高排放是经济发展过程中面临的三大困境。它们会对空气、水体和土壤造成污染，会导致自然资源的过度开采和耗尽，会加剧生物多样性丧失，对生态系统和人类健康产生负面影响。为了节省发展成本、保持利润增长、拓展市场需求，人们不得不进行生产技术变革、寻求绿色低碳转型的路径。能源的生产和消费奠定了人类活动的基本条件，影响人们的经济发展水平和碳排放的结果。能源，既包括以原煤、天然气为代表的不可再生的一次能源，也包括一次能源加工转换形成的煤气、电力等二次能源，还包括通过技术获得的水能、风能、太阳能等的可再生能源。长期以来，我国以煤为主的能源结构，高耗能、低效率、重污染是其显著特征。现有的用煤方式和减排措施尚且不能满足我国经济发展的需求，也不能有效应对温室效应和污染物的排放。立体循环的"铜陵模式"从污染矿区走向绿色之都，正是从高污染转向绿色发展的典型案例。丰富的铜矿资源使铜陵因铜而兴，但其在 20 世纪 80 年代中后期也曾面临污染困境，当地企业通过加强资源管理推动企业转型，构建起铜陵有色循环经济工业园，奠定了发展循环经济的基础；围绕硫精砂的开发利用搭建"中循环"，破除了企业与社会、工业与农业等领域、部门的限制；在工农业各领域锻造出生态工业链和产业循环利用链，推动了全市立体大循环。

绿色、低碳、循环发展是推动经济社会高质量发展的应有之义。2022年的《中国统计年鉴》数据显示，煤炭占能源消费总量的比重自党的十八大以来逐年下降，从 2012 年的 68.5%下降到 2021 年的 56%，而石油、天然气占能源消费总量的比重逐年上升，石油的比重从 17%上升到 18.5%，天然气的比重则从 4.8%上升到 8.9%[①]，如何从高耗能走向低碳发展道路，事关我国经济发展的命脉。出于对能源安全和经济发展的需求，从高耗能到低碳的道路转变成为能源行业的最佳选择。但能源并非影响碳排放的唯一因素，经济总量、产业升级同样会影响碳排放结果。为此，我国实施能耗双控、双碳战略，从高污染、高耗能、高排放转向绿色环保、低碳循环。这个过程需要精准计算碳排放、碳吸收、碳利用来降低能源消费的碳强度，在碳捕捉、碳封存、碳蓄积能力提高的基础上发展低碳技术；需要

---

① 国家统计局. 中国统计年鉴［M］. 北京：中国统计出版社，2022.

深层次、全方位革新环保设施助力低碳产业发展实现低碳生活，通过提高生产过程的环保效能推动清洁生产和绿色技术革命；需要正确处理资源利用与可持续发展之间的关系，尽可能开发利用可再生资源以降低对自然资源的依赖；需要减少产业污染投资和支持绿色经济的崛起，通过节约资源和循环经济的模式预防环境污染；需要以预防和降低污染为绿色发展的目标指向，通过能源结构调整和科学技术创新推动产业升级获得更多的经济效益。"保护生态环境就是保护生产力，改善生态环境就是发展生产力"①。绿色低碳转型和可持续发展对推动经济高质量发展意义重大，是实现人与自然和谐共生的绿色发展的重要抓手。从不可持续迈向可持续，从高污染走向绿色，从高耗能走向低碳已然成为人与自然和谐共生的新共识。

第三节　面向国家重大需求：绿色发展是推进生态治理现代化的重中之重

"促进人与自然的和谐共生"是中国式现代化的本质要求之一，人与自然的关系好坏事关生态治理现代化的成效好坏。生态治理现代化作为中国式现代化的重要内容，在追随世界现代化的历史进程中充满挑战，我国以"双碳"目标驱动绿色发展的成就经验为探索生态治理现代化之路提供了借鉴。

一、人与自然和谐共生是实现中国式现代化的内在要求

绿色发展是我国推进生态文明建设的路径抉择，回答了我国以什么样的方式实现现代化的问题。党的十八大以来，习近平总书记回答了强调"我们要建设的现代化是人与自然和谐共生的现代化，既要创造更多物质财富和精神财富以满足人民日益增长的美好生活需要，也要提供更多优质生态产品以满足人民日益增长的优美生态环境需要"②。将精神财富和物质财富与优美生态环境内在耦合，既凸显人与自然和谐共生的价值意蕴，也

---

① 习近平. 干在实处，走在前列：推荐浙江新发展的思考和实践 [M]. 北京：中共中央党校出版社，2006：186.

② 习近平. 决胜全面建成小康社会 夺取新时代中国特色社会主义伟大胜利：在中国共产党第十九次全国代表大会上的讲话 [M]. 北京：人民出版社，2017：50.

体现生态治理对现代化建设的重要意义。党的二十大报告指出，人与自然和谐共生是中国式现代化的本质要求之一，强调要站在人与自然和谐共生的高度谋划发展，协同推进经济社会高质量发展和生态环境高水平保护，走出一条"生产发展、生活富裕、生态良好的文明发展道路"[①]。生态治理现代化与美丽中国战略的内在一致，实现人与自然和谐共生的现代化，需要尊重自然、顺应自然、保护自然，以期达到满足人民需求、消解人与自然矛盾的目的。

现代化是人类文明进步的必由之路，是世界各国和各民族寻求发展的必然选择。资本主义制度下的现代化是围绕资本逻辑展开的，鉴于生产资料私有和剩余价值最大化，人与自然之间的矛盾不可弥合，生态环境必然遭到破坏，于是走上了"先污染后治理"的发展道路。一方面，中国推进生态治理现代化的道路区别于西方发展方式，摒弃了牺牲环境换取经济增长的发展思路，而是致力于经济发展与生态环境保护实现双赢，走出一条节约资源、保护环境、绿色低碳协同推进的新型道路。伴随着绿色发展理念深层融入人们的生产生活，建设人与自然和谐共生的现代化成为人民群众的共同期待，经济发展和生态保护协同共生成为环境治理的共识。另一方面，人与自然和谐共生的中国式现代化摆脱了西方"人类中心主义"生态价值观的支配，克服了西方自然沦为人类生产过程中的被动客体的困境，化解了人与自然间操纵和被操纵的工具性关系，打破了现代化等同于西方化的现实迷思，为推动构建全球环境治理体系做出了更大贡献，为共建人与自然生命共同体、美丽清洁世界凝聚合力。未来，在生态文明领域，中国将秉持负责任的态度，主动兑现减排承诺、协同推进可持续发展，积极探索符合中国国情的绿色低碳发展道路，同时继续同世界各国展开生态交流合作，共谋全球生态文明建设的现代化道路。

二、人与自然和谐共生是实现"双碳"目标的必然选择

"双碳"目标是指到 2030 年实现"碳达峰"与到 2060 年实现"碳中和"目标，人与自然和谐共生是实现"双碳"目标的必然选择。2021 年 9 月，习近平总书记提出"中国将力争 2030 年前实现碳达峰、2060 年前实

---

① 习近平. 高举中国特色社会主义伟大旗帜 为全面建设社会主义现代化国家而团结奋斗：中国共产党第二十次全国代表大会上的讲话 [M]. 北京：人民出版社，2022：23.

现碳中和"① 的目标。"碳达峰"是指碳排放由增转降的历史拐点，当其开始出现回落的情况时，意味着与经济发展实现脱钩；"碳中和"是以植树造林、节能减排等方式抵消温室气体排放量，实现二氧化碳排放量与自然吸收量和人为固碳量之间的"净零排放"。"双碳"目标是出于对资源环境的保护以及对环境问题的约束而提出的战略部署。煤、石油、天然气等传统化石能源约占全球80%以上的能源市场，是世界范围内最主要的能源选择。然而，中国对能源的需求极大，但国内化石能源有限，这种供需间的不对等导致我国对传统化石能源的外部依存度高达70%，极易受到国际能源市场波动的影响，现实的掣肘倒逼中国不得不在供给侧发力，同时化石能源高碳排放的弊端推动中国寻求低碳发展之路。

发展清洁能源、能源效率提升和碳捕获技术等都是实现"双碳"目标的重要手段。2023年，世界年总碳排放量400亿吨，而中国当年碳排放就占据1/4，成为世界第一大碳排放国；全球碳排放量的平均水平是0.4公斤（1公斤＝1千克，下同），而中国单位GDP的碳排放量达到0.69公斤，远超欧盟、美国、日本等国家和地区。习近平主席在气候雄心峰会上指出，"到2030年，中国单位国内生产总值二氧化碳排放将比2005年下降65%以上。"② 按照这个标准计算，实现"双碳"目标任务艰巨且极具复杂性，牵涉能源、工业、农业、森林、海洋等各个领域的碳排放和碳吸收，转向清洁再生的新能源以确保经济可持续性远比想象中困难。新能源包括太阳能、风能、水力能源、生物能源等清洁可再生的能源形式，是中国为满足供给侧需求、实现减碳目标而采取的方式。增加新能源的使用可以减少对传统化石燃料的依赖，从而减少碳排放，突破新能源建设过程中的"卡脖子"难关，对实现"双碳"目标意义重大。"双碳"战略的实施，首先要解决的是"控碳"目标，通过严控火电等形式控制碳排放量；其次是达成"减碳"目标，在工业领域利用风、光等资源扩产能、降碳排；再次是实现"低碳"目标，推动风、光发电及制氢等成为稳定的、成熟的能源主力；最后是碳中和，全面推广使用光、风、核、水等清洁能源电力，实现碳排放与固碳量的正负抵消。

---

① 习近平出席第七十六届联合国大会一般性辩论并发表重要讲话［N］.人民日报，2021-09-22（01）.

② 习近平.继往开来，开启全球应对气候变化新征程［N］.人民日报，2020-12-13（02）.

第四节　面向人民生命健康：绿色发展是满足群众美好生活期盼的应然之举

绿色发展作为解决我国生态环境问题的有效途径，既做到了对传统经济增长方式的深刻反思，更顺应了广大人民群众对优美生态环境的殷切期盼。为满足人民对美好生活的追求，在推进绿色发展的进程中，人与自然协同共进、和谐共生。一方面，人民对高水平保护优美生态环境的需求愈发迫切，力求与经济社会的高质量发展保持动态平衡。另一方面，生态环境在人民生活幸福指数中的地位不断凸显，建设美丽中国需要广大人民群众积极参与。

一、人民群众对优美生态环境的需求愈发迫切

生态环境的好坏是衡量人民生活幸福水平高低的重要指标，绿色发展理念的贯彻与否是关乎人民根本利益的战略抉择。改革开放以来，伴随着经济社会的快速发展，环境污染与生态破坏问题接踵而至，各种矛盾在酝酿交织中日益严重，环境污染导致的群体性事件频频出现。伴随着生态环境在人民生活幸福指数中的地位凸显，只有优美的生态环境和宜居的生活空间相得益彰时，人民群众才能享受安定幸福的生活。相反，如果生态环境恶化，人民群众的生命健康将遭受直接影响，更有甚者会使单一的环境污染事件演变为群体性事件，继而威胁到社会生态安全和社会稳定状况。人民对优美生态环境的需求愈发迫切，启发人们从生态环境污染的社会现象中寻求制约社会政治稳定的深层根源，从人与自然和谐共生的维度重新审视环境群体性事件，从绿色发展的行动指南系统分析事件从发生到反馈的内在逻辑，进而寻求更优美的生活环境、更绿色的生活方式、更健康的消费理念。进入新时代以来，良好的生态环境成为人民幸福生活的增长点，满足广大人民群众对良好生态环境的需求是绿色发展的出发点。2023年发布的《新时代的中国绿色发展》白皮书，在以人民为中心的发展思想一节，重点强调了"以人民为中心是中国共产党的执政理念，良好生态环

境是最公平的公共产品、最普惠的民生福祉"①。生态环境与人民群众的生产活动密切关联，是影响人民安居乐业和社会和谐稳定的重要因素。伴随着经济社会迈向高质量发展以及人民生活水平的不断提高，人民群众的需求开始从最初的物质精神需求转向更高层次的生态需求，由生态环境诱发的问题愈发引起人们的关注。

坚定不移走绿色发展之路是人民追求美好生活的应然之举，绿色发展外化表现为生态惠民、生态利民、生态为民，充分彰显了党全心全意为人民服务的宗旨。雾霾天气、淡水污染等生态环境事件，使人们对天蓝、地绿、水清的需求愈发迫切。实现天蓝、地绿、水清是建设美丽中国的基本内容，在系列普惠民生工程的持续建设中得以逐步推进。从空气环境质量视角看待人居生态环境，《2022 年中国生态环境状况公报》显示，在全国 339 个地级及以上城市中，126 个城市环境空气质量超标，占 37.2%。城市环境空气质量优良天数比例比 2021 年下降 1%，平均为 86.5%。这些城市大多集中于北方，$PM_{2.5}$、O_3、PM_{10}、NO_2 是造成城市环境空气质量下降的首要污染物。从污染物超标项数看，57 个城市 1 项污染物超标，31 个城市 2 项超标，38 个城市 3 项超标②。可见，我国空气生态稳中向好的基础尚不稳固，与人民群众的期许仍有所差距。以重工业为主的产业结构，以煤、石油为主的能源结构以及以公路运输为主的交通方式是造成北方多地空气污染的共性原因。从饮用水源污染问题看待人们生活质量，地级及以上城市集中式生活饮用水源的 919 个断面，约 95.9% 全年达标；其余断面未达标的原因主要是：高锰酸钾指数、总磷和硫酸盐超标影响地表水水源，化工行业水污染扩散造成锰、铁和氟化物超标影响地下水源。无论是空气环境质量不稳抑或饮用水源污染等问题，都严重影响了人民群众的身心健康。面对空气质量要求持续走高、水资源短缺和污染的多重挑战，经济社会发展同人们生态诉求的矛盾也有所缓解，人民群众的生态环保意识不断提高，打响了蓝天碧水保卫战，积极参与到建设美丽中国的实践中。

二、建设美丽中国需要广大人民群众积极参与

建设美丽中国是广大人民群众对优美生态环境的实践感召。建设生态

① 中华人民共和国国务院新闻办公室. 新时代的中国绿色发展 [M]. 北京：人民出版社，2023：3.

② 黄润秋. 2022 年中国生态环境状况公报 [R]. 北京：中华人民共和国生态环境部，2023.

文明是关系人民福祉、关乎民族未来的重大课题。改革开放以来，伴随着人民生活水平的大幅度提高，人们的物质需求和精神需求也逐步提升，对生态环境的需求也愈渐增加。人们开始迫切关注到生态环境问题，深刻意识到生态保护的重要性。进入新时代以来，我国社会的主要矛盾转变为"人民日益增长的美好生活需要和不平衡不充分的发展之间的矛盾"①，"生态文明建设"成为"五位一体"总体布局的基本内容。2017 年党的十九大的召开，"美丽"成为建设社会主义现代化的主题词，"美丽中国"被视为社会主义现代化强国目标，"人与自然和谐共生"成为十四条基本方略的内容之一，"绿色"上升为推动经济社会发展的基本理念。与广大人民群众对美好生态环境的期盼相比，当前的生态环境建设仍然面临很大压力。党中央站在我国生态环境和资源形式的角度提出美丽中国的战略行动，美丽中国全民行动成为生态文明建设的鲜明特色，是推进人与自然和谐共生的重要举措，是实现绿色发展的重要内容。为加快推进美丽中国建设指明前进方向，党的二十大明确了到 2035 年"广泛形成绿色生产生活方式，碳排放达峰后稳中有降，生态环境根本好转，美丽中国目标基本实现"②的总体目标。如今，建设美丽中国行动正在不断取得实质性进展。优美的生态环境是人类生存发展、享受美好生活的基本条件，对优美生态环境的现实需求是人民美好生活需要的重要内容，建设美丽中国就是为了创造更加优美的生活环境，在实践中指向人与自然和谐共生的目标。

建设美丽中国得益于广大人民群众自下而上的全民行动。党的二十大报告主张践行"以人民为中心"的绿色发展思想，重视以绿色发展保障人民权益，"站在人与自然和谐共生的高度"③，对推动绿色发展、建设美丽中国作出战略部署。建设美丽中国正是顺应了广大人民群众对美好生活的期许，是对"以人民为中心"的绿色发展理念的充分彰显。绿色发展的核心在于通过保护生态环境达到保障人民根本利益的目的，"以人民为中心"的理念回应了"绿色发展为了谁、依靠谁"的现实问题。因此，为了更好地落实建设美丽中国行动、尽可能满足对优美生态环境的需求，广大人民

---

① 习近平. 决胜全面建成小康社会 夺取新时代中国特色社会主义伟大胜利：在中国共产党第十九次全国代表大会上的讲话 [M]. 北京：人民出版社，2017：11.

② 习近平. 高举中国特色社会主义伟大旗帜 为全面建设社会主义现代化国家而团结奋斗：中国共产党第二十次全国代表大会上的讲话 [M]. 北京：人民出版社，2022：24-25.

③ 习近平. 高举中国特色社会主义伟大旗帜 为全面建设社会主义现代化国家而团结奋斗：中国共产党第二十次全国代表大会上的讲话 [M]. 北京：人民出版社，2022：50.

群众需要树立尊重自然、顺应自然、保护自然的意识，宣传绿色发展的生态文明理念，增强修复环境的生态保护行为，选择绿色低碳、文明健康的生活方式；需要自觉践行绿色发展观，充分调动自身的积极性、参与性和创造性，主动投身到生态环境的建设事业中，为环境保护贡献自己的一份力量。伴随着人民生态环保的意识日益增强，社会团体、企业组织、公民个人等广泛参与美丽中国行动，有效补充了作为生态保护主体的政府力量，构成了推进生态文明建设的多元主体，为实现人与自然的和谐共生奠定了坚实的社会基础。因此，建设美丽中国从来都不是单向度的行为而是全社会的责任，需要政府、企业和个人等的协同努力。对优美生态环境的追求不仅要成为政府、产业部门、企业的自觉行动，还要转化为每个家庭、每个人乃至全社会的自觉行动，继而营造爱护生态环境的浓厚氛围，打造全社会共同参与的良好风尚，凝聚推动生态建设的共识合力，走出绿色、低碳、循环、可持续的发展道路，形成人与自然和谐发展新格局，在年岁更替和代代相传中接续优美生态，为子孙后代创造更蓝的天、更绿的山、更清的水。只有全社会共同行动起来，才能实现优美的生态环境，提高人民的生活质量。

第五章 人与自然和谐共生的绿色发展总体方略

坚持人与自然的和谐共生是新时代的基本方略之一，其核心要义在于正确处理人与自然的关系。人与自然的辩证关系是生命文明建设的重要参照，绿色发展回答了生态文明建设的战略路径。因此，推动绿色发展、促进人与自然和谐共生对生态文明建设意义重大。人与自然和谐共生的绿色发展可以理解为：绿色发展是建设人与自然和谐共生的现代化的战略路径，已切实融入经济、政治、文化、社会、生态等各方面和全过程。

第一节 哲学维度：追求人与自然的和谐共生

人与自然和谐共生的绿色发展蕴藏着唯物辩证法的哲学底蕴。唯物辩证法认为，任何事物都存在相互对立统一的矛盾双方，矛盾双方推动事物的发展变化。人与自然的和谐共生体现了马克思关于人与自然的互主体性思想，"绿水青山就是金山银山"的"两山"论思想体现了经济发展与生态保护的辩证统一关系。

一、人与自然的辩证统一

人与自然的关系是人类社会最基本的关系，构成了人类文明进步的永恒主题。一方面，人受制于自然，生态环境是人类生存与发展的前提条件，生态环境的优劣程度制约人类社会的发展；另一方面，人利用和改造自然，对生态环境产生了深远而重要的影响。

（一）自然界是人赖以生存和发展的基础条件

人与自然的关系是绿色发展过程中必须要回答的重要问题。马克思提出了人与自然的互主体性思想，认为人与自然都有其独立存在的价值，都可以被视为主体性的存在。"所谓人的肉体生活和精神生活同自然界相联系，也就等于说自然界同自身相联系，因为人是自然界的一部分。"① "一个存在物如果在自身之外没有自己的自然界，就不是自然存在物，就不能参加自然界的生活。"②这意味着人既不能征服自然，自然也不能凌驾于人之上，人与自然处于平等地位，都是具有生存权利的主体。只有把自然界视为人的现实的躯体，即主体化的存在，人才能真正做到与自然和谐共生。一方面，"在实践上，人的普遍性正是表现为这样的普遍性，它把整个自然界——首先作为人的直接的生活资料，其次作为人的生命活动的对象和工具——变成人的无机的身体。自然界，就它自身不是人的身体而言，是人的无机的身体。人靠自然界生活。"③ 自然为人的生产生活提供物质基础，为人的再生产活动提供劳动对象和资料。人是自然存在物，受自然界的影响。另一方面，"从理论领域说来，植物、动物、石头、空气、光等……都是人的意识的一部分，是人的精神的无机界，是人必须事先进行加工以便享用和消化的精神食粮。"④ 人类通过实践活动使自然生产力作用于社会现实，达到利用、加工、改造自然资源的目的。马克思在《1844年经济学哲学手稿中》提道："人的感觉、感觉的人性，都是由于它的对象的存在，由于人化的自然界，才产生出来的。"⑤单个的孤立的自然状态下的个体，凝结成与社会相互联系的群体，"一切生产都是个人在一定社会形式中并借这种社会形式而进行的对自然的占有"⑥。如果说自在自然指向人类生活诞生以前的自然，那么人化自然指的就是由人的实践主导的现实的自然界，人与自然在现实的实践中统一于人化自然。纵观历史的演进

---

① 中共中央马克思恩格斯列宁斯大林著作编译局. 马克思恩格斯文集：第一卷 [M]. 北京：人民出版社，2009：161.

② 中共中央马克思恩格斯列宁斯大林著作编译局. 马克思恩格斯文集：第一卷 [M]. 北京：人民出版社，2009：210.

③ 中共中央马克思恩格斯列宁斯大林著作编译局. 马克思恩格斯文集：第一卷 [M]. 北京：人民出版社，2009：161.

④ 中共中央马克思恩格斯列宁斯大林著作编译局. 马克思恩格斯文集：第一卷 [M]. 北京：人民出版社，2009：161.

⑤ 中共中央马克思恩格斯列宁斯大林著作编译局. 马克思恩格斯文集：第一卷 [M]. 北京：人民出版社，2009：191.

⑥ 中共中央马克思恩格斯列宁斯大林著作编译局. 马克思恩格斯文集：第八卷 [M]. 北京：人民出版社，2009：11.

过程，人与自然经历了依存—开发—掠夺—和谐的发展阶段。人类社会发展初期，生产力发展水平低下，人与自然的关系处于原始的依存状态，尽管大自然对人类的生存造成威胁，但人类通过生产工具从大自然中获得所需。伴随着生产力水平的提高，人类开始进入农业社会，通过使用铁器等生产工具改造自然，但改造能力有限尚未形成较大的破坏。工业革命以后，人类对自然的需求已不仅仅限于改造，更多的物质需求驱使人们去征服自然，人类开始毫无节制地、掠夺性地向自然夺取资源，不可避免地给自然造成毁灭性的打击。同时，过度的开发和利用大自然也给人类生活招致灾难，倒逼人类思考人与自然的关系何去何从。事实上，对如何改造对象马克思已给出答复，他提道"动物只是按照它所属的那个种的尺度和需要来构造，而人却懂得按照任何一个种的尺度来进行生产，并且懂得处处都把固有的尺度运用于对象；因此，人也按照美的规律来构造。"① 按照美的规律改造对象是人与自然实现和谐共生的最好方案，目的在于减少人对自然的盲目性、残暴性和掠夺性行为。

（二）人通过实践活动实现与自然的协调发展

人与自然的关系就是建立在劳动实践基础上的社会关系，就是对人与自然互主体性思想的深化发展。"人与自然的和谐共生"在承认人和自然都是主体性存在的基础上对两者关系做了概述，即和谐共生。人与自然的共生关系是指人与自然处于你中有我、我中有你的相互依存状态，在人与自然的互动演进过程中，人与自然命运共在、协同发展。实践是实现人与自然和谐共生的根本途径，人只有通过实践活动才能与自然协调发展。因此，在具体的生态文明建设实践中，人们需要做到尊重自然、顺应自然、保护自然。将"尊重自然、顺应自然、保护自然"纳入自然价值论的语境下理解，保护自然建立在尊重自然、顺应自然的基础上，囊括了保护自然的内在价值和工具性价值的意蕴。20世纪以来，科技进步带来的并非全是人类想象中的幸福生活，还有使人类的生活直接面临生态环境问题。于是人类开始重塑人与自然的关系，罗尔斯顿明确提出"自然价值论"，认为自然具有三种价值：一是一种不依赖他者之目的的客观存在的内在价值，二是用来实现某一目的的工具性价值，三是注重生命个体整体性特征的系统价值。同时，自然的系统价值决定内在价值和工具性价值。从这个意义

---

① 中共中央马克思恩格斯列宁斯大林著作编译局. 马克思恩格斯文集：第一卷 ［M］. 北京：人民出版社，2009：163.

上理解，尊重自然是指人要尊重自然的内在价值，人既不能服从自然也不能控制自然，而是要深刻认识到自身与自然在某种程度上属于平等状态；顺应自然是指对自然"有所顾忌"，利用工具实现顺势而为、因势利导，达到与自然和谐相处的目的；保护自然是指自然是由众多生命个体有机组成的，维护生态系统内部各要素的动态平衡，其实质就是维护生命多样性的根本性能，从而进一步保护自然的系统价值。正如恩格斯所言："我们决不像征服者统治异族人那样支配自然界，决不像站在自然界之外的人似的去支配自然界；相反，我们连同我们的肉、血和头脑都是属于自然界和存在于自然界之中的。我们对自然界的整个支配作用，就在于我们比其他一切生物强，能够认识和正确运用自然规律。"[①] 如果我们在实践活动中做不到尊重自然、顺应自然规律，"不以伟大的自然规律为依据的人类计划，只会带来灾难"[②]，那么我们的生活极大可能会遭到自然界的报复。

二、经济发展与生态环境保护的辩证统一

经济发展与生态环境保护的统一是实现可持续发展的关键。过去的发展模式往往将经济增长放在首位，忽视了生态环境的可持续性，导致了严重的生态破坏和资源浪费。如今，人们越来越意识到经济发展和生态环境保护的紧密联系，并积极寻求两者之间的平衡。

（一）生态环境为经济发展提供资源条件

生态环境是社会生产力得以发展的现实基础，为人类社会的经济发展提供了必不可少的资源，支撑着人类经济活动的进行和生产力的发展。2013 年，习近平总书记在海南调研时的讲话阐明了两者之间的关系，即"要正确处理好经济发展同生态环境保护的关系，牢固树立保护生态环境就是保护生产力、改善生态环境就是发展生产力的理念。"[③] 这一论述深刻揭示了生态环境与生产力应当如何协同共进，深化发展了马克思主义生产力理论。马克思主义生产力理论认为自然界本身的生产力也属于生产力范畴，这是因为自然生产力同时也是社会生产力的物质基础，社会再生产的

---

① 中共中央马克思恩格斯列宁斯大林著作编译局. 马克思恩格斯文集：第九卷 [M]. 北京：人民出版社，2009：560.

② 中共中央马克思恩格斯列宁斯大林著作编译局. 马克思恩格斯全集：第三十一卷 [M]. 北京：人民出版社，1972：251.

③ 中共中央文献研究室. 习近平关于全面建成小康社会论述摘编 [M]. 北京：中央文献出版社，2016：165.

过程有赖于自然生产力提供的物质产品，但它不仅包括人的生产活动，也包括自然界本身的生产力。然而长期以来，人们对生产力的认知一直是人类从自然界获得物质资料的力量，以此来利用和改造自然，这一理解将人类与自然界分离，将自然界当作人类的活动对象，而忽视了自然界本身所具有的生产力量。由于对"自然生产力也是生产力"的忽视，人们往往也忽视了自然生态系统为人类生产生活所提供的价值作用。马克思、恩格斯认为，深入探究生态环境对经济发展的作用影响，可以将其理解为：一方面，生态环境是劳动者赖以生存的基本条件，劳动者生存所必需的衣、食、住以及其他东西均来自良好的生态环境。正如习近平总书记所言，"良好的生态环境是最公平的公共产品"①。劳动者作为生产力的第一要素，借助生产劳动将自然环境转化为生存所需要的物质力量。另一方面，生态环境对生产力的发展起至关重要的作用，生态系统是包括土地、森林、水源、矿产等资源在内有机统一体，生态系统良好与否直接关系到生产力发展水平的高低，生态系统的承载能力直接影响生产力发展的速度与规模。只有保护好生态环境，实现生态环境与经济发展的良性互动，才能确保经济的可持续发展和人类的持续繁荣。

（二）经济发展为生态保护奠定物质基础

生态环境对人类发展而言是不可忽视的因素，人们心安理得地接受自然生态系统为人类提供的无价的自然资源，但同时又不得不接受为发展生产力无止境掠夺资源所带来的生态危机。生态危机迫使人们不得不重新思考经济发展对生态环境的影响。一方面，"生产力是人们应用能力的结果，但是这种能力本身决定于人们所处的条件，决定于先前已经获得的生产力，决定于在他们以前已经存在、不是由他们创立而是由前一代人创立的社会形式"②。我们已经取得的经济成就带来投资和财富积累，为生态项目提供了投资和资金支持，被用于建设和管理自然保护区、推动生态修复和环境治理等。同时，生产力是转变经济发展方式的有力支撑，原先落后的生产方式已然无法适配经济发展。为挽救因经济发展而破坏的生态环境，革新技术才是提升经济效能的有效方式。经济发展带来的技术创新为生态瓶颈提供了解决方案，新的环保技术可以减少污染排放、提高资源利用效

---

① 习近平. 论坚持人与自然和谐共生［M］. 北京：中央文献出版社，2022：26.
② 中共中央马克思恩格斯列宁斯大林著作编译局. 马克思恩格斯文集：第十卷［M］. 北京：人民出版社，2009：43.

率，也可以提高环境监测和管理的能力，加强对生态系统的保护和管理。另一方面，经济发展而造成的生态破坏是难以修复的。面对日益严峻的生态危机，全球生态环境的承载能力已到上限，寻找与生态保护同步并进的经济模式势不可挡，以生态优先的绿色发展模式成为新的选择。《人类环境宣言》中提道"保护和改善人类环境是关系到全世界各国人民的幸福和经济发展的重要问题，也是全世界各国人民的迫切希望和各国政府的责任。"① 在经济发展的同时，我们应注重平衡经济增长与生态环境保护的关系，将生态保护纳入经济发展的整体规划和战略，继而实现经济繁荣与生态可持续发展的良性循环。

第二节　经济维度：实现生产方式的绿色转型

解决好人与自然的和谐共生问题是绿色发展的核心要义，人与自然关系的不和谐归根结底是经济发展方式造成的。从经济维度审视绿色发展，绿色发展是发展观的深刻革命。一方面，"两山"论强调绿水青山与金山银山的双赢，它的提出彰显了中国推动经济绿色转型的决心。另一方面，绿色发展是新发展理念的重要组成部分，绿色发展理念推动了经济高质量发展、贯彻引领"双碳"目标。

一、绿水青山就是金山银山

"两山论"思想形象地描述了经济发展与生态保护之间的关系。如果说绿水青山指向生态优势、金山银山指向经济优势，那么绿水青山就是金山银山的底层逻辑是生态优势转为经济优势。习近平总书记曾明确指出："我们既要绿水青山，也要金山银山。宁要绿水青山，不要金山银山，而且绿水青山就是金山银山。"② 这一重要论述蕴含三层意思：一是"既要绿水青山也要金山银山"；二是"宁要绿水青山，不要金山银山"；三是"绿水青山就是金山银山"。其中，"宁要绿水青山，不要金山银山"彰显了中国推动绿色转型的决心，绿水青山与金山银山的双赢局面体现"两山"论

---

① 万以诚，万岍. 新文明的路标：人类绿色运动史上的经典文献 [M]. 长春：吉林人民出版社，2000：1.

② 习近平. 论坚持人与自然和谐共生 [M]. 北京：中央文献出版社，2022：40.

的核心诉求。

（一）"宁要绿水青山，不要金山银山"彰显中国绿色转型的决心

"宁要绿水青山，不要金山银山"体现绿水青山的重要性，彰显中国推动经济绿色转型的决心。绿水青山、金山银山是人们的普遍愿望，当两者发生矛盾只能择其一的情况下，以牺牲生态环境谋求经济发展，这种对经济发展急功近利的做法自然是不可取的。恩格斯曾言："我们不要过分陶醉于我们人类对自然界的胜利。对于每一次这样的胜利，自然界都对我们进行报复。"① 我们看似取得了经济发展带来的胜利果实，但随之而来的生态问题往往是经济发展也难以抵消的后果。实践证明，以往为追求经济发展而采取的毁林开荒、围湖造田等行径，都受到了自然界的惩罚，最终不得不选择"宁要绿水青山，不要金山银山"。位于宁夏和甘肃接壤区域的、地处六盘山腹地的三关口，曾经一度是宁夏固原石料的集中开采区，依附其实现经济发展的企业就有数十家。但这种粗放式的发展也给当地造成了烟尘飞扬、白雾浓浓、山体疮痍、河道污染等生态问题，2017 年，借助"绿盾行动"的东风，三关口作为重点整治区域，拆除了多家矿区、暂停了多家企业、关闭了多处排污口，开展"五河共治"。"盼环保""求生态"已然代替了最初的"盼温饱""求生存"成为社会的共识。"坚持绿色发展是对生产方式、生活方式、思维方式和价值观念的全方位、革命性变革，突破了旧有发展思维、发展理念和发展模式，是对自然规律和经济社会可持续发展一般规律的深刻把握。"② 由是观之，"宁要绿水青山，不要金山银山"为实现经济发展与生态环境保护的良性循环提供了重要的理论指导和实践路径。同时，中国在环境保护和绿色发展方面取得的经验和成就，也为国际社会提供了宝贵的借鉴和启示。

（二）绿水青山与金山银山的双赢局面体现"两山"论的核心诉求

"两山"论彰显经济发展与生态保护之间的辩证关系，绿水青山与金山银山的双赢局面体现"两山"论的核心诉求。一是"既要绿水青山也要金山银山"体现两者相辅相成的关系。2005 年，习近平同志任浙江省委书记期间，前往安吉余村调研当地关闭矿区的做法，在《浙江日报》发表题

---

① 中共中央马克思恩格斯列宁斯大林著作编译局. 马克思恩格斯文集：第九卷 [M]. 北京：人民出版社，2009：4.

② 中共中央宣传部，中华人民共和国生态环境部. 习近平生态文明思想学习纲要 [M]. 北京：学习出版社，人民出版社，2022：52.

为《绿水青山也是金山银山》一文，提出"我们追求人与自然的和谐，经济与社会的和谐，通俗地讲，就是要'两座山'：既要绿水青山，又要金山银山。"① 实践是检验真理的唯一标准，习近平总书记的足迹遍布祖国大江南北、城市乡村，始终践行着既要考虑经济发展又要顾及生态保护的理念。他在考察青海时提道："要打好高原有机特色牌，实现农牧业发展和生态环境保护有机统一"②；在考察海南时提道："要着力在'增绿'和'护蓝'上下功夫"③。各地因生态环境和经济发展的不一致，绿色发展的实践方式也存在差异。被誉为"中华水塔"的三江源地区因处于青海境内，主要是农牧业发展与生态环境的结合；青山绿水、碧海蓝天则是海南同步实现经济发展和生态保护的独特优势。二是"绿水青山就是金山银山"体现两者内在统一的关系。从对立统一规律审视这一理念，绿水青山和金山银山相互贯通，可以在一定条件下相互转化。一方面，追求经济发展必须建立在生态优先的基础上，已形成的生态优势可以转化为经济发展的动力；另一方面，经济发展带来的效益可以反哺生态建设，生态环境良好有助于提升人民的幸福水平，人民生活的幸福进一步激发出无限创造力，利用绿水青山创造金山银山。内蒙古具有"两个屏障""两个基地""一个桥头堡"的战略定位，该地区的生态和经济发展对国家发展至关重要。习近平总书记在考察内蒙古时强调要"坚持发展和安全并重，坚持以生态优先、绿色发展为导向"④。因此，我们只有在牢牢把握生态环境这个前提下，牢牢抓好经济发展这一要务，才能真正做到生态保护和经济发展有机统一。

二、绿色发展是新发展理念的重要组成部分

新发展理念是我国为破解发展难题、增强发展动力而提出的，绿色发展理念是新发展理念的重要组成部分，彰显对发展规律的科学把握，目的在于形成绿色发展方式，汇聚发展新动能，推动经济高质量发展，贯彻引领"双碳"目标，实现绿色惠民、绿色承诺。

---

① 习近平. 之江新语 [M]. 浙江：浙江人民出版社，2007：186.
② 习近平. 论坚持人与自然和谐共生 [M]. 北京：中央文献出版社，2022：153.
③ 习近平. 论坚持人与自然和谐共生 [M]. 北京：中央文献出版社，2022：27.
④ 习近平. 把握战略定位坚持绿色发展 奋力书写中国式现代化内蒙古新篇章 [N]. 人民日报，2023-06-09（01）.

（一）绿色发展理念推动经济高质量发展

新发展理念贯穿经济社会发展的全过程。2015 年 10 月，党的十八届五中全会第二次全体会议提出了新发展理念，创新、协调、绿色、开放、共享是其重要内容，其中绿色发展理念的提出就是为了"推动形成绿色发展方式和生活方式，协同推进人民富裕、国家强盛、中国美丽"①。提高统筹贯彻新发展理念的能力和水平，目的之一在于使绿色发展成为高质量发展的普遍形态。从国际视角而言，绿色低碳循环发展是国际潮流所向、大势所趋，不同于中国实现绿色低碳发展的现代化道路，西方资本主义国家的绿色发展道路实际是以牺牲环境为代价换取的，其实质仍然是以追求剩余价值最大化为目的的发展方式。而我国"改变传统的'大量生产、大量消耗、大量排放'的生产模式和消费模式，使资源、生产、消费等要素相匹配、相适应，实现经济社会发展和生态环境保护协调统一、人与自然和谐共处"②。从国内视角而言，绿色发展是构建高质量现代化经济体系的必然要求。"经济发展不再简单以国内生产总值增长率论英雄，而是按照统筹人与自然和谐发展的要求，从'有没有'转向发展'好不好'、质量'高不高'，追求绿色发展繁荣。"③ 绿色低碳循环发展是经济领域的未来发展方向，已然通过科技革命和产业变革，成为引领经济增长和社会发展的绿色行动。当前，"我国生态文明建设进入了以降碳为重点战略方向、推动减污降碳协同增效、促进经济社会发展全面绿色转型、实现生态环境质量改善由量变到质变的关键时期。"④

（二）绿色发展理念贯彻引领"双碳"目标

加快推进经济发展方式绿色转型，其目的在于积极稳妥推进"碳达峰""碳中和"。碳达峰、碳中和是经济结构绿色转型升级的目标指南，是促进人与自然和谐共生的迫切需要。正确认识和把握"双碳"目标，需要注重处理发展与减排的关系。习近平总书记指出，"减排不是减生产力，也不是不排放，而是要走生态优先、绿色低碳发展道路，在经济发展中促

---

① 习近平. 论坚持人与自然和谐共生 [M]. 北京：中央文献出版社，2022：136.

② 习近平. 习近平谈治国理政：第三卷 [M]. 北京：外文出版社，2020：367.

③ 中共中央宣传部，中华人民共和国生态环境部. 习近平生态文明思想学习纲要 [M]. 北京：学习出版社，人民出版社，2022：52.

④ 中共中央宣传部，中华人民共和国生态环境部. 习近平生态文明思想学习纲要 [M]. 北京：学习出版社，人民出版社，2022：19.

进绿色转型、在绿色转型中实现更大发展"①。为如期实现"双碳"目标，我国已先后出台了《关于严格能效约束推动重点领域节能降碳的若干意见》和《高耗能行业重点领域能效标杆水平和基准水平（2021年版）》，聚焦高耗能行业节能减排。建材行业既是促进我国经济增长的重要基石，也是我国三大主要高耗能、高碳排放行业之一。这一行业的能耗和碳排放减量将很大程度影响"双碳"目标的实现，因此，推动建筑材料绿色转型升级和低碳化发展成为实现"双碳"目标的重要路径。钢铁是建筑业能耗最主要的组成部分，因其对国民经济社会发展至关重要，同时其工艺路线无法摆脱高能耗的困境，已然成为"双碳"目标的社会焦点。具体而言，硫对绝大多数钢种来讲是有害元素，不仅会造成钢的热脆性、降低钢的机械性，还会对钢的耐腐蚀性和可焊性不利。脱硫是在炼钢过程中必须完成的基本工作，但脱硫反应会对生态环境造成破坏。排放的烟气与水蒸气结合形成硫酸通过降雨沉积到地面，既造成水体污染，又导致土壤酸化，同时还对人体健康产生影响。因此，人们不得不承认钢铁行业在拉动我国经济增长的同时，也给环境带来了高耗能、高排放、高污染的风险。河北迁安是依矿而起、因钢而兴的典型资源型城市，已成为全国一流的钢铁产业基地。近几年在"双碳"和能源安全政策框架下，当地编制了《氢能与燃料电池产业发展规划》，出台了《引导和支持氢能产业发展若干措施》，凭借丰富的工业副产氢资源优势推动产业绿色转型升级，通过推广氢冶金技术降低钢铁生产过程中的碳排放，围绕氢能积极布局贯通其应用场景的全产业链，大力培育和发展与之相关的高附加值、高竞争力产品，把氢能产业培育成为当地的战略性新兴产业支柱，实现由'钢城之城'向'钢铁氢城'的转变，同时带动周边钢铁企业及上下游产业集群实现绿色发展。稳步推进"双碳"工作，需要以绿色发展为主推力，做到坚持降碳、减污、扩绿、增长协同推进，保持生态优先和可持续发展并进，积极培育绿色发展新动力，有效拓宽绿色发展新空间，加快发展战略性新兴产业，努力构建绿色低碳循环的能源体系，从而为绿色发展增加新动能。

---

① 中共中央宣传部，中华人民共和国生态环境部. 习近平生态文明思想学习纲要［M］. 北京：学习出版社，人民出版社，2022：59

第三节　政治维度：坚持中国共产党的领导

如何推动人与自然和谐共生的绿色发展，是新时代我们党面临的重大课题。习近平总书记强调："我们不能把加强生态文明建设、加强生态环境保护、提倡绿色低碳生活方式等仅仅作为经济问题。这里面有很大的政治。"① 正是在协调处理人与自然关系的实践中，我们党形成了关于绿色发展的重要思想。

一、加强党对生态文明建设的领导

坚持党的领导是人与自然和谐共生的根本保证，一方面，党提出的关于人与自然和谐共生的重要论述，为绿色发展提供了正确的方向指引；另一方面，各级党组织加强领导为生态文明建设提供了制度保障。

（一）党的领导为绿色发展提供了正确的方向指引

思想是行动的指南，党是一切行动的领导核心。党的十八大以来，党中央高度重视生态文明建设，将生态文明建设纳入"五位一体"布局并将其写入《中国共产党章程》，在"总纲"部分提道："中国共产党领导人民建设社会主义生态文明"。中国共产党在推动生态文明建设的过程中提出了一系列新思想，这为绿色发展提供了正确的方向指引。"绿色发展是发展观的深刻革命，是关于生态文明建设的战略路径。"② 2015 年 10 月，十八届五中全会将"绿色"确立为新发展理念之一，这是我们党根据已有的生态问题，在不断深化认识发展规律的基础上提出的正确决策。从生态文明建设到绿色发展理念的提出，展现出我们党对生态文明发展方式的重视。2017 年，党的十九大提道：过去五年"生态文明建设成效显著。大力度推进生态文明建设，全党全国贯彻绿色发展理念的自觉性和主动性显著增强，忽视生态环境保护的状况明显改变"③，又在党章中专门增添了"增

---

① 中共中央文献研究室. 习近平关于全面深化改革论述摘编 [M]. 北京：中央文献出版社，2014：5.

② 中共中央宣传部中华人民共和国生态环境部. 习近平生态文明思想学习纲要 [M]. 学习出版社，人民出版社. 2022：50.

③ 习近平. 决胜全面建成小康社会 夺取新时代中国特色社会主义伟大胜利：在中国共产党第十九次全国代表大会上的讲话 [M]. 北京：人民出版社，2017：5.

强绿水青山就是金山银山的意识"的内容。在阐述"坚持党对一切工作的领导"时，提出必须"统筹推进'五位一体'总体布局"①。2018 年 3 月，生态文明被写入《中华人民共和国宪法》，其中提道："中国各族人民将继续在中国共产党领导下，……推动物质文明、政治文明、精神文明、社会文明、生态文明协调发展"，既彰显了党的领导对生态文明建设的重要性，也表明我们党推动生态文明建设的坚定决心。同年 5 月，全国生态环境保护大会首次确立了习近平生态文明思想，并将其概括为"六个坚持"，其中第一条坚持就是"坚持人与自然和谐共生"②，第四部分还专门阐述了"加强党对生态文明建设的领导"③。同时指出，"生态文明建设正处于压力叠加、负重前行的关键期。"④ 可见，加强党对生态文明建设的全面领导极有必要。2022 年发布的《习近平生态文明思想学习纲要》开篇就强调加强党对生态文明建设的全面领导，从四个方面论证了坚持党的领导是生态文明建设的根本保证。党的领导为生态文明建设提供了正确的方向指引，其为生态文明建设制定的路线、方针、政策，回答了人与自然如何和谐共生。在中国共产党的带领下，广大人民群众致力于建设美丽中国的奋斗目标。

（二）党中央集中统一领导是社会发展的根本保证

生态文明建设是一项系统性的工作，党中央集中统一领导是社会发展的根本保证。习近平总书记在《在黄河流域生态保护和高质量发展座谈会上的讲话》中提道："要在党中央集中统一领导下，发挥我国社会主义制度集中力量干大事的优越性，牢固树立'一盘棋'思想，更加注重保护和治理的系统性、整体性、协同性"⑤。2018 年的国务院机构改革方案，组建了自然资源部、生态环境部与国家林业和草原局。其中生态环境部是在整合 7 个部委相关职能的基础上组建的，其目的在于更好地落实党的集中统一领导。为有效落实生态环境治理，我们党建立起对生态环境治理体系的领导机制。习近平总书记在《在黄河流域生态保护和高质量发展座谈会上的讲话》中提道"要坚持中央统筹、省负总责、市县落实的工作机制。

---

① 习近平. 习近平谈治国理政：第三卷［M］. 外文出版社，2020：16.
② 习近平. 论坚持人与自然和谐共生［M］. 北京：中央文献出版社，2022：9.
③ 习近平. 论坚持人与自然和谐共生［M］. 北京：中央文献出版社，2022：21.
④ 习近平. 习近平谈治国理政：第四卷［M］. 北京：外文出版社，2022：366.
⑤ 习近平. 论坚持人与自然和谐共生［M］. 北京：中央文献出版社，2022：244.

中央层面主要负责制定全流域重大规划政策，协调解决跨区域重大问题，有关部门要给予大力支持。省级层面要履行好主体责任，加强组织动员和推进实施。市县层面按照部署逐项落实到位。"① 我们党遵循"中央-省委-市县"的思路，层层设立相应机构，确保党的顶层设计能被逐层落实，譬如领导干部生态文明建设责任制为绿色发展提供了制度保障。群众满意度的高低是检验工作成效的重要标尺，工作的落实程度关键在于领导干部。领导干部是推动绿色发展的"关键少数"，推动绿色发展落到实处，需要发挥领导干部的以上率下和示范引领作用，引导更多的党员同志主动担起生态责任，并对破坏生态环境的行为加大惩罚力度。然而，各级领导干部仍然受先污染后治理等旧观念的影响，仍然存在以资金缺口多、治理难度大等理由搪塞的情况，还存在只对经济发展或生态保护进行单向度的追求，这些都反映出领导干部的思想认知不够深入、不够全面，缺乏保护生态环境的积极性、主动性。"生态环境是关系党的使命宗旨的重大政治问题，也是关系民生的重大社会问题。"② 针对《在深入推动长江经济带发展座谈会上的讲话》中的第三个问题，"加强组织领导"③ 是加大推动长江经济带发展工作力度的首要步骤。《在深入推动长江经济带发展座谈会上的讲话》对各级党委和政府同志特别是党政一把手提出要求，"要增强'四个意识'，落实领导责任制，决不允许搞上有政策，下有对策，更不能搞选择性执行。"④ 2015 年，《党政领导干部生态环境损害责任追究办法（试行）》的出台和实施，明确了各级领导干部的决策、执行、监管过程的追责情形，进一步增强了这些"关键少数"的责任和担当意识，促使其自身树立尊重自然、顺应自然、保护自然的生态文明理念，继而最大限度地激发和带动广大干部群众的创造性张力。

二、用最严格制度最严密法治保护生态环境

严格的制度和严密的法治是解决生态环境保护问题的有效方式。为更好地破解生态环境难题，人们加快推进生态文明制度和法治建设，一方面划定并建立生态保护红线制度，另一方面建立健全生态文明法治体系，在

---

① 习近平. 论坚持人与自然和谐共生 [M]. 北京：中央文献出版社，2022：245.
② 习近平. 习近平著作选读：第二卷 [M]. 北京：人民出版社，2023：169
③ 习近平. 论坚持人与自然和谐共生 [M]. 北京：中央文献出版社，2022：222.
④ 习近平. 论坚持人与自然和谐共生 [M]. 北京：中央文献出版社，2022：222.

井然有序的规则体系下实现人与自然的和谐共生。

（一）生态文明制度建设顶层设计是建设绿色发展的有力保障

制度是规范人们的行为、协调处理利益关系的准则，科学合理的制度对推动人类文明进步具有重要意义。2015 年出台的《关于加快推进生态文明建设的意见》和《生态文明体制改革总体方案》，都强调了构建生态文明建设制度体系的重要性，特别是《关于加快推进生态文明建设的意见》更是有近 1/3 的内容与制度体系相关。"十三五"期间，最严格环境保护制度首次被纳入规划，制度成为生态建设中刚性的约束和不可触碰的高压线。生态文明制度是用来规范和引导生态文明建设的，而生态文明制度建设牵涉经济社会各领域，其背后隐匿着错综复杂的利益网络。因此，推进生态文明建设需要通过做好制度建设的顶层设计引导和规范利益关系。习近平总书记曾明确指出"我国生态环境保护中存在的一些突出问题，大都与体制不完善、机制不健全、法治不完备有关"①。针对这些问题，加强生态文明制度建设的顶层设计，以最严格的制度为后盾推进生态文明建设极有必要。生态文明制度建设的顶层设计是指国家在生态文明建设领域制定的政策、法律、法规、机构等的总体规划和设计。这些规划和设计为生态文明建设提供了制度框架，为实现生态文明的目标提供了努力方向，指导政府和社会各界采取行动，以促进可持续发展和环境保护，以确保人与自然之间的和谐共存。科学规划、制度先行是加强生态文明建设的前提基础，只有这样才能进一步保证生态文明建设的针对性和有效性。习近平总书记多次强调："保护生态环境必须依靠制度、依靠法治，只有实行最严格的制度、最严密的法治，才能为生态文明建设提供可靠保障"。②。在具体的生态文明建设实践中，我们需要加强对生态文明建设的总体设计，划定并建立生态保护红线制度，建立国土空间开发保护制度，健全资源有偿使用和生态补偿制度，改善生态环境监管制度，达到用制度来规范和约束人们行为、协调人与自然关系的目的。

（二）生态文明法治建设是促进人与自然和谐共生的重要手段

我国在推进生态文明建设的进程中，生态文明法治建设仍面临诸多问

---

① 中共中央宣传部. 习近平总书记系列重要讲话读本［M］. 北京：学习出版社，人民出版社，2014：129.

② 中共中央文献研究室. 习近平关于全面深化改革论述摘编［M］. 北京：中央文献出版社，2014：104.

题。立法、执法、司法、守法是法治建设的四个维度。立法是法治建设的基础，包括法律政策的制定等内容，既为环境保护提供了法律依据，也向社会各方明确了责任和义务，对生态文明建设尤为重要。2018 年我国历史性地将"生态文明"写入《中华人民共和国宪法》，生态文明建设取得重大进展，真正实现法治化。尽管中国已经出台了一系列有关环境和生态文明的法律法规，但仍然存在立法理念错位、法律制定滞后、条文规定不明、主体责任模糊、法律保障匮乏等问题，需要不断完善法律体系以适应新兴环境问题的挑战。执法是确保法律有效执行的关键环节，执法人员需要对生态违法行为做出相应的制裁举措。在具体的执法落实过程中，执法权划分不清、非法干涉执法、执法主体冲突、执法权力交叉、消极执法时有发生等现象仍然存在，一定程度上损害了人民群众的生态利益，需要提高生态保护的执法力度以稳步推进生态文明法治建设。司法是以法律为准绳处理专门案件的行为，包括法院处理环境诉讼案件、审理环境争端等内容，司法机构的独立和公正对于保护环境权益至关重要。生态文明司法存在诉讼难、举证难、审判难、维权难等困难，譬如空气污染、水源污染等造成的损害程度难以精准摸清，应尽可能地保障人民的生态权益。守法是社会各界履行法律责任的重要方面，企业、公民、社区和政府部门是守法的主要载体。主体生态意识的淡薄、权利义务的不统一、参与程度的不积极、法律监督的路径匮乏，都制约着生态文明法治建设，应尽可能地提高全社会遵守法律的积极性。推进生态文明法治建设，应制定和完善环境保护相关的法律法规和政策，明确环境保护的责任和义务；应有效地监督和管理环境保护工作，严格惩处环境违法行为，确保环境法规的有效执行和落实；应依法公正地处理环境案件，维护生态文明建设的公平正义；应推动社会各界自觉遵守环保法规，积极履行环保法律法规和政策要求；最终通过加强生态文明法治建设，形成生态文明建设的法治保障，促进绿色发展和可持续发展。

第四节　文化维度：凝聚绿色发展的文化共识

绿色发展离不开文化共识的支撑，绿色发展的文化共识以人与自然的和谐共生为核心要义，以崇尚自然、保护环境、可持续发展为基本特征，以人们的环保意识和环境理念为现实表征。中华优秀传统文化中蕴含的"天人合一"的生态自然观、"以时禁发"的可持续发展观、"仁民爱物"的传统生态伦理观等，为形成绿色发展的文化共识提供了丰富的理论养料。新时代，绿色发展创造性地汲取了中华优秀传统文化底蕴，以生态文明主流价值观驱动绿色发展，推动绿色文化成为全社会的共同价值理念，又以理念指导人们形成绿色生活方式和消费模式，最终在全体人民的共同参与下建设美丽中国。

一、建立健全以生态价值观念为准则的生态文化体系

建立健全以生态价值观念为准则的生态文化体系，涵盖了以生态价值观念为导向的文化的交流和传播等方面，是推动绿色发展和实现可持续发展的重要任务。构建以绿色意识为主导的生态文化体系，既需要继承人与自然和谐共生的文化传统，也需要以生态价值观念彰显引领绿色发展。

（一）继承人与自然和谐共生的文化传统

中华优秀传统文化在尊重自然、热爱自然的实践中孕育出绿色文化，绿色文化为人与自然和谐共生的绿色发展道路提供了强大的精神支撑。绿色文化是生态文明建设的精神内核，贯穿于文化始终并在文化的土壤中成长壮大，汲取和吸收了传统文化中的生态智慧。传统文化中的生态智慧充实和丰富了绿色文化，助力于构建系统化、体系化的绿色发展理论。习近平总书记强调："中华民族向来尊重自然、热爱自然，绵延五千多年的中华文明孕育着丰富的生态文化。"①"天人合一"的生态自然观彰显了目的性和规律性的统一，主张在认识和掌握自然规律的基础上发挥人的主观能动性，回答了人与自然处于何种关系，以及人应当如何对待自然的问题。"以时禁发"的可持续发展理念彰显内因和外因的辩证统一，强调获取自然资源既要找准时机也要确保适度，要通过外部约束限制个人无度的行为。"仁民爱物"的传统生态伦理观念主张人以平等的态度对待自然，但同时指出人的价值又是第一位的。无论是"天人合一"的生态自然观、"以时禁发"的可持续发展理念抑或"仁民爱物"的传统生态伦理等，都蕴含着丰富的生态智慧。生态文化是生态文明体系的灵魂，传统生态文化的创造性发展，为构建生态文明体系提供了理论积淀。我们可以通过继承

---

① 习近平. 论坚持人与自然和谐共生［M］. 北京：中央文献出版社，2022：1.

和弘扬人与自然和谐共生的文化传统，更加深入地认识和理解人类与自然的关系，为实现绿色可持续发展贡献力量。

（二）以生态价值观念彰显引领绿色发展

生态价值观念是生态文化的核心，生成并孕育于人与自然和谐共生的传统文化中。"生态文化的核心应该是一种行为准则、一种价值理念"①。以生态价值观念彰显引领绿色发展，关键在于提倡尊重自然、顺应自然、保护自然的生态价值观。中华传统文化很早就意识到人与自然并非博弈关系而是共生关系，其传达出的生态智慧为新时代绿色发展提供了有益启示。"人与自然的和谐共生"就是对"天人合一"这一思想的创造性发展。站在人与自然和谐共生的战略高度，我们需要进一步深化对人与自然关系的规律性认识，处理好经济发展与生态保护、自然恢复与人工保护的关系，以生态文明建设推动美丽中国目标的实现。"用最严格制度最严密法制保护生态环境"② 是对"以时禁发"的可持续发展理念的衍生，促使制度成为刚性的约束和不可触碰的高压线，通过更好地发挥法治的引领和规范作用推动绿色发展。生态惠民、生态利民和生态为民是对"仁民爱物"思想的创造性转化。人民群众是推动社会变革的主体力量，他们深入实践紧密开展生态文明建设，使良好生态环境成为人民幸福生活的增长点。中华民族关于人与自然和谐发展的文化传统，是我们党对社会主义生态文明建设的全新认识。深入探寻中华优秀传统文化中蕴含的绿色文化底蕴、建立健全以生态价值观念为准则的生态文化体系，我们需要挖掘传统绿色文化与绿色发展理念之间的关联，加强人们对绿色文化理解的透彻度。绿色文化注重自然的生态价值，科学界定绿色文化的内涵和特征，是深入了解绿色文化的基本前提。人们应通过学习和掌握绿色文化的多方面内容，努力建立较为系统完整的绿色文化知识体系，在此基础上将生态文化上升为绿色发展的生态价值观，建立健全以绿色发展观为准则的生态文化体系。

二、抓生态文明建设既要靠物质也要靠精神

物质和精神层面的生态文明建设如鸟之两翼，互为条件、相互促进。物质是生态文明建设强基固本的现实基础，精神是生态文明建设凝魂聚力

---

① 习近平. 之江新语 [M]. 浙江：浙江人民出版社，2007：48.
② 习近平. 论坚持人与自然和谐共生 [M]. 北京：中央文献出版社，2022：43.

的内在支撑。"抓生态文明建设，既要靠物质，也要靠精神"①，凝聚绿色发展的文化共识强调的就是精神对生态文明建设的重要性，应注重以文化氛围带动绿色低碳生活方式，以绿色发展理念引领文化产业建设。

（一）以文化氛围带动绿色低碳生活方式

以文化氛围来带动绿色低碳生活方式，旨在通过营造绿色发展的文化氛围，影响人们的价值观和行为习惯，促使他们选择环保可持续的生活方式。党的十八大以来，习近平总书记关于生态文明建设、绿色发展的讲话、批示等已超 60 次，充分体现了党中央对此的高度重视。"我们衡量生态文化是否在全社会扎根，就是要看这种行为准则和价值理念是否自觉体现在社会生产生活的方方面面。"② 在党的带领下，生态文化从多个视角、多个维度渗透到社会生产生活中，全体社会成员以生态文化为思想指南、推动了社会生产绿色化发展。生态文化氛围对提高全民绿色意识起教育规范作用，能够引导人们在日常生活中规范自身，自觉选择更为绿色健康的行为，从而增强全民节约意识、环保意识、生态意识；鼓励人们在现实生活中贯彻适度索取原则，树立节制、适度的消费理念，采取简约适度、绿色低碳的生活方式。正如习近平总书记所言"要加大宣传引导力度，大力弘扬中华民族勤俭节约的优秀传统，大力宣传节约光荣、浪费可耻的思想观念。"③ 以文化氛围带动绿色低碳生活方式需要注重发挥生态文化的价值导向功能，弘扬人与自然和谐共生的主流生态价值观，以绿色文化的思维方式推动绿色发展；注重通过媒体等方式推广生态文化艺术作品，提高公众对生态文明的认识和理解，达到使人们在生活实践中潜移默化地接受文化洗礼的目的。伴随着绿色发展工作的推进，绿色文化逐步渗透到社会生活的方方面面，形成了积极向上的绿色低碳文化氛围，对社会产生了全方位多层面的影响。在绿色文化的熏陶下，人们开始形成关于绿色发展的生态价值观，并以这种价值指向引导人们进行生产生活，共同推动绿色发展和可持续发展。

（二）以绿色发展理念引领文化产业建设

发展以绿色理念为主导的文化产业，既要注重发展文化出版等传统绿

---

① 习近平. 论坚持人与自然和谐共生 [M]. 北京：中央文献出版社，2022：66.

② 习近平. 之江新语 [M]. 浙江：浙江人民出版社，2007：48.

③ 中共中央宣传部，中华人民共和国生态环境部. 习近平生态文明思想学习纲要 [M]. 北京：学习出版社，人民出版社. 2002：95.

色文化产业，也要重视发展新兴绿色文化产业。一方面，要注意在文艺等作品中融入绿色文化思想，引发人们对绿色发展的关注。位于云南大理的历史文化名城巍山县，不仅完整地保留了600多年前的棋盘式格局，大量古建筑、古民居鳞次栉比，是中国保存最完好的明清古建筑群之一，还有以书、画、棋、茶为主题的精品公园文华书院，集古城生态修复、历史文化展示、居民休闲娱乐、游客体验互动于一体，构建起"自然公园-郊野公园-综合公园-节点公园-口袋公园"五级公园体系，形成了凝结巍山故事、彰显民族文化、反映市井生活的公共绿色文化空间。另一方面，以创意文化带动新兴文化产业发展，促进公民绿色文化意识提升。地处海南中部的保亭黎族苗族自治县，将特色黎苗文化与当地的绿水青山组合，以生态文化的形式驱动绿色发展。被定位为"山东南大门、县城后花园"的郯城街道文化名胜繁多，拥有"郯国故城"遗址孝妇冢、于公墓等名胜古迹，立足于"文化+生态"元素催生乡村旅游，构筑魅力独特的美丽乡村新画卷。以绿色发展理念引领文化产业建设，应当注重发展与绿色文化相关的产业，将文旅产业、康养产业作为绿色发展的重要转化途径，系统完整地解读名胜古迹、作品书籍中的生态元素，有序引导文化和旅游领域绿色消费。在尊重自然、顺应自然、保护自然的实践中，逐步形成绿色发展的方针政策等，以绿色文化滋养政策制度等的监督保障功能，从而助力人们更好地处理经济建设和环境保护、眼前利益与长远利益、个人与社会的关系，构建起人类新的生存模式下的精神家园。

第五节　社会维度：增进民生福祉的绿色发展

民生福祉是判定一个社会是否和谐的重要依据。我们党一直以"为民族谋复兴，为人民谋幸福"为初心使命，致力于带领广大人民群众走向美好生活。良好的生态环境是最普惠的民生福祉，增进民生福祉的绿色发展，既表现在追求蓝天、碧水、净土三大保卫战，也体现在追求健康宜居美丽家园的城乡建设实践中。

一、良好的生态环境是最普惠的生态福祉

让人民过上好日子，是党的一切工作的出发点和落脚点。良好的生态

环境是最普惠的生态福祉昭示了：良好的生态环境不仅是生态文明建设的需要，也是为了确保人民群众的生存与发展。在具体的实践过程中，三大保卫战的显著成效夯实人民美好生活的生态基础。

（一）良好的生态环境是帮助人民群众摆脱贫困的内在要求

生态环境惨遭破坏是贫穷落后的现实表征之一。当人民群众无法自行满足生存所需时就会向大自然索取，大自然在过度垦荒和乱砍滥伐中遭到破坏。恩格斯在《英国工人阶级状况》中描述道，"伦敦的空气永远不会像乡村地区那样清新，那样富含氧气。"① 工人阶级生活条件的降低，最直接的原因是自然环境的恶化。工业革命的出现以及人口的增长，在推动城市建设的同时也带来环境污染的困扰。人们生活的区域充斥着水洼黑烟的难闻气味，存在着空气污染和河流污染。"在他们居住的大城市里，在工作日很长的情况下，他们常常根本看不到大自然。"② 极端的贫困和繁重的劳动恶化了工人的生活条件，工人们的精神状况和生命力因无休止的劳动而遭到严重摧残，人作为人本身的价值在人与生存的博弈中也往往被遮蔽。因此，"他们穷，生活对于他们没有任何乐趣，几乎一切享受都与他们无缘，法律的惩罚对他们再也没有什么可怕的。"③ 良好的生态环境是帮助人民群众摆脱贫困的内在要求，是增进人们民生福祉的必然选择。新时代，人民日益增长的美好生活需要和不平衡不充分的发展之间的矛盾成为新的社会主要矛盾，良好的生态环境成为人们实现美好生活必不可少的物质基础。习近平总书记强调"坚持良好生态环境是最普惠的民生福祉。"这表明绿色发展的立场是以人民为中心，"环境就是民生，青山就是美丽，蓝天也是幸福。"保护环境的本质就是民生问题，旨在为人们提供了优质的生态产品，满足人们对美好生活环境的需要，如同发展经济为人民提供物质和精神财富一样。"金山银山就是绿水青山"的底层逻辑就是生态优势也能创造经济效益，如果只讲生态优势忽略经济效益，就会造成比生态污染更严峻的贫困问题。因此，"要坚持生态惠民、生态利民、生态为民，重点解决损害群众健康的突出环境问题，加快改善生态环境质量，提供更

---

① 中共中央马克思恩格斯列宁斯大林著作编译局. 马克思恩格斯文集：第一卷 [M]. 北京：人民出版社，2009：409.

② 中共中央马克思恩格斯列宁斯大林著作编译局. 马克思恩格斯文集：第一卷 [M]. 北京：人民出版社，2009：473.

③ 中共中央马克思恩格斯列宁斯大林著作编译局. 马克思恩格斯文集：第一卷 [M]. 北京：人民出版社，2009：428.

多优质生态产品，努力实现社会公平正义，不断满足人民日益增长的优美生态环境需要。"① 我们通过建设更加完善的基础设施、提升不断增长的绿地覆盖率、拓宽人均公园绿地面积、增加更为优质的饮用水源、实施有序的污水及生活垃圾再处理，共同构建起优美宜居的生活环境。只有良好的生态环境才能保障人民群众基本的生存状态。

（二）三大保卫战的显著成效夯实人民美好生活的生态基础

"人民对美好生活的向往是我们党的奋斗目标，解决人民最关心最直接最现实的利益问题是执政党使命所在。"② 伴随着经济社会物质生活水平的不断提升，基本的生存需要已经无法满足人们的普遍诉求，更蔚蓝的天、更纯净的水、更碧绿的山已然成为人们最新的生态诉求，承载着人们对生态环境的美好追求。蓝天、碧水、净土是打好污染防治攻坚战的重要内容，深入打好污染防治攻坚战是实现绿色发展的重中之重，增进民生福祉是新时代实现绿色发展的价值指引。2017 年 3 月 5 日，十二届全国人民代表大会第五次会议提出蓝天保卫战；2018 年，《中共中央国务院关于全面加强生态环境保护 坚决打好污染防治攻坚战的意见》（以下简称《意见》）出台，《意见》对于三大保卫战提出了明确的要求，并同步开展了土壤污染防治行动。着力从解决空气污染、黑臭水体、土壤治理等社会最关心以及最突出的问题深入推进环境污染防治，以期满足人民群众的幸福感和获得感。如今，我们正走向"通过加快构建生态文明体系，确保到 2035 年节约资源和保护生态环境的空间格局、产业结构、生产方式、生活方式总体形成，生态环境质量实现根本好转，美丽中国目标基本实现。到本世纪中叶，生态文明全面提升，实现生态环境领域国家治理体系和治理能力现代化"的目标。为加快推进污染防治攻坚战，为人民创造良好生态环境，公民个人应积极参与到生态文明建设中，从工作和生活中的点滴小事做起，将绿色发展的理念践行于具体的行动中。"生态文明是人民群众共同参与共同建设共同享有的事业，要把建设美丽中国转化为全体人民自觉行动。每个人都是生态环境的保护者、建设者、受益者，没有哪个人是旁观者、局外人、批评家，谁也不能只说不做，置身事外"③。因此，公民在积极参与三大保卫战的实践中，推动中国生态环境治理取得成效，为人

---

① 习近平. 论坚持人与自然和谐共生 ［M］. 北京：中央文献出版社，2022：11.
② 习近平. 论坚持人与自然和谐共生 ［M］. 北京：中央文献出版社，2022：8.
③ 习近平. 论坚持人与自然和谐共生 ［M］. 北京：中央文献出版社，2022：11—12.

民创造了更蔚蓝的天、更纯净的水、更碧绿的山，不仅提高了人民群众的生活质量，也为绿色发展奠定了坚实的生态基础。

二、着力建设健康宜居美丽家园

城乡建设是增进民生福祉的内在要求，是推动绿色发展的重要途径，也是建设美丽中国的必然选择。城市和乡村在生态文明建设中各具特色、相互依存，城市是现代化建设的"排头兵"，乡村是绿色发展的生态基底。因此，要想拥有优美的城乡生态环境，就必须对生态环境进行治理，通过建设美丽乡村和美丽城市，推进城乡建设一体化和绿色发展。

（一）生态宜居城市是绿色发展的见证

城市是经济社会活动资源最集中的场所，是现代化建设的"排头兵"，同时也是产生和消耗大量能源的地区，是推进绿色发展、生态宜居的重要场地。然而，"城市病"却是城市现代化建设过程中一个无法绕开的话题，不仅有人口过多导致的城市交通拥堵、空气环境质量不高等传统意义上的老旧问题，也有因气候变化带来的新挑战。只有对"城市病"问题对症下药，城市绿色发展才能得到更为有效的发展。雄安新区以"先植树、后建城"的理念有效治理"大城市病"，以优化开发模式打造绿色高质量发展"样板之城"。2021年10月21日，中共中央国务院发布了《关于推动城乡建设绿色发展的意见》，对推动城乡建设绿色发展提出总体要求，明确指出城乡建设过程中共同存在的问题，即"仍存在整体性缺乏、系统性不足、宜居性不高、包容性不够等问题，大量建设、大量消耗、大量排放的建设方式尚未根本扭转"，同时指出转变城乡建设发展方式、创新工作方法以及加强组织建设的重要性。党的十八大以来，我国在城市建设的过程中取得极大进展，城市的宜居度、承载力、包容性得到充分彰显，生态宜居、整洁有序、多元包容的城市愈发增多，城市环境的改善为人民群众的生活提供了良好的物质基础。正如习近平总书记强调的"城市是人集中生活的地方，城市建设必须把让人民宜居安居放在首位，把最好的资源留给人民。"① 人民群众对美好生活的向往，始终是城市建设工作的出发点和落脚点。住房问题是城市建设中最突出的民生和发展问题，直接关系到千家万户人民群众的生活条件和水平，推进租赁住房绿色低碳发展将成为必然趋

---

① 中共中央党史和文献研究院. 习近平关于城市工作论述摘编［M］. 北京：中央文献出版社，2023：39.

势。将绿色发展理念运用到建筑行业，打造绿色健康、节能环保、高效利用的居住环境，是缓解城市新市民以及青年住房问题的有效方式，政府主导的保障性租赁住房成为行业发展的新趋势。城市建设工作只有注重对人民群众生产生活规律的把握，解决人民群众的急难愁盼问题，处理好影响城市可持续发展的短板，才能更好地推进城市生态文明建设。

（二）美丽乡村是绿色发展的生态基底

乡村是维持城市碳排放动态平衡的重要载体，同时也是打造绿色发展生态屏障的关键要素。乡村作为绿色发展的生态基底，打造绿色生态宜居的美丽乡村极有必要。《关于推动城乡建设绿色发展的意见》指出"按照产业兴旺、生态宜居、乡风文明、治理有效、生活富裕的总要求，以持续改善农村人居环境为目标，建立乡村建设评价机制，探索县域乡村发展路径。""厕所革命"是落实乡村振兴战略的重要一步，是检验卫生与污染治理体系的关键环节。国家旅游局发布的《厕所革命推进报告》中提到，农村地区 80% 的传染病是由厕所粪便污染和饮水不卫生引起的，其中与厕所污染相关的传染病就高达 30 多种。因此，推进农村地区"厕所革命"是解决农村人居环境突出问题的重要决策，是帮助人们改善生活习惯、形成绿色生活方式的有效举措。党的十九大报告在讲道"加快生态文明体制改革，建设美丽中国"[①] 时，特别强调"加强农业面源污染防治，开展农村人居环境整治行动"[②]，这为推进农村"厕所革命"提供了重要的政策支撑。如今，厕所革命已经取得显著成效，已然成为带动乡村绿色旅游业发展的桥头堡，人民群众对美好生活的期盼得到进一步满足。着力改进乡村风貌和人居环境、推进乡村绿化美化建设，有助于再现山清水秀、天蓝地绿、景美人和的乡村画卷，形成城乡互补、各美其美的人居环境，促进城乡之间的绿色协调发展。

---

① 习近平. 决胜全面建成小康社会 夺取新时代中国特色社会主义伟大胜利：在中国共产党第十九次全国代表大会上的讲话 [M]. 北京：人民出版社，2017：50.

② 习近平. 决胜全面建成小康社会 夺取新时代中国特色社会主义伟大胜利：在中国共产党第十九次全国代表大会上的讲话 [M]. 北京：人民出版社，2017：51.

第六节 生态维度：构建人与自然生命共同体

系统观念是习近平新时代中国特色社会主义思想的世界观和方法论，将系统观念贯穿于人与自然和谐共生的现代化实践中，人、自然与社会的相互依存、互为影响，构建起"人—自然—社会"紧密联系的复合生态系统。"生命共同体"是从生态维度对人与自然和谐共生关系的整体性表达，构建人与自然生命共同体旨在实现生产发展、生活富裕和生态良好的有机统一。一方面，山水林田湖草沙是不可分割的生态系统，为我们整体认知和系统把握人与自然的关系提供重要遵循。另一方面，统筹区域协调发展一盘棋，为筑牢绿色生态屏障打好现实基础。在人与自然在和谐相处的前提下，我们最终实现了生产、生活和生态领域的系统治理。

一、坚持山水林田湖草沙一体化保护和系统治理

人与自然是相互依存、互惠共存、协同发展的生命共同体，促进人与自然的和谐共生需要坚持山水林田湖草沙一体化保护和系统治理。"坚持山水林田湖草沙一体化保护和系统治理"是中国在长期的生态文明建设和探索中生成的。以唯物辩证法的联系观为理论基点深刻把握这一论断，既通过系统思维表达了山水林田湖草沙等自然要素是相互依存的有机链条，也通过整体和部分的辩证关系揭示了人与自然生态系统各要素之间不可分割。

（一）以系统思维审视人与自然是相互依存的有机链条

系统观念是唯物辩证法普遍联系观点的应有之义，以系统思维审视人与自然相互依存的关系极有必要。系统论认为系统不是系统内部各要素结构的简单加减或机械组合，而是强调系统是系统内部各构成要素之间相互作用的整体组合。坚持系统观念就是要系统地、全面地，而不是零散地、孤立地观察事物，立足整体视角充分认识事物间的普遍联系，以及系统与要素、结构与层次、环境与事物的相互作用，深刻把握事物的本质和发展规律，通过整合优化资源以期找到问题的最优解。习近平总书记指出："生态是统一的自然系统，是相互依存、紧密联系的有机链条。人的命脉在田，田的命脉在水，水的命脉在山，山的命脉在土，土的命脉在林和

草，这个生命共同体是人类生存发展的物质基础。"① 自然界中的生物与生态环境之间是相互依存、兼顾彼此的命运共同体，山水林田湖草沙的生态系统彼此交叠影响，既不存在只治水不管田，也不存在只管田不护林等的情况。习近平总书记在全国生态环境保护大会上提出：山水林田湖草沙是生命共同体，"必须统筹兼顾、整体施策、多措并举，全方位、全地域、全过程开展生态文明建设"②，充分体现了生态系统是各种要素相互依存循环互动的有机链条，要求我们统筹协调、系统推进、综合治理自然生态环境。"坚持山水林田湖草沙一体化保护和系统治理"是党的二十大报告提出的论断，从"生命共同体"转变为"一体化保护和系统治理"更加凸显系统思维对处理人与自然关系的重要性。

系统思维强调事物与事物之间是彼此联系、相互依存的统一体，我们在一体化保护和系统治理的具体实践中实现人与自然和谐共生。对人与自然辩证关系的系统认识是对实际治理进行科学规划的基本前提。党的二十大报告指出："万事万物是相互联系、相互依存的"③。人的生存发展依赖于自然界，自然界资源价值的发挥也依赖于人，人与自然在物质变换的过程中相互依存。山水林田湖草沙的一体化和治理本就是为了服务于人的生存发展，而人的系统的思维意识与实践活动又指引山水林田湖草沙生态环境健康发展。人与自然在相互斗争的实践中锻造成和谐共生的关系，在彼此作用、互为影响的过程中实现了相互依存、共同发展。

（二）以整体和局部的关系揭示人与自然的不可分割性

生态系统各个要素、各个子系统、各个环节之间耦合协调，在生态治理的过程中人与自然实现和谐共生。如果说山水林田湖草沙生态系统是一个整体，那么山、水、林、田、湖、草、沙等就是构成生态系统的部分要素。2020 年 8 月召开的中共中央政治局会议专门将治沙问题纳入综合治理的范围，此前被人们熟知的是 2013 年提出的"山水林田湖是一个生命共同体"④ 的论断。土地沙化是我国生态治理过程中不容忽视的问题，以土地荒漠化的问题最为突出。为有效遏制土地退化、实现科学治沙，自 2000

---

① 习近平. 论坚持人与自然和谐共生 [M]. 北京：中央文献出版社，2022：12.

② 习近平. 推动我国生态文明建设迈上新台阶 [J]. 求是，2019 (3)：4-19.

③ 习近平. 高举中国特色社会主义伟大旗帜 为全面建设社会主义现代化国家而团结奋斗：中国共产党第二十次全国代表大会上的讲话 [M]. 北京：人民出版社，2022：20.

④ 习近平. 关于《中共中央关于全面深化改革若干重大问题的决定》的说明 [N]. 人民日报，2013-11-16 (01).

年我国就开启了荒漠化治理新阶段，采取防沙治沙、国土绿化等一系列举措，从全民动员、进军沙漠的起步阶段逐步到国家意志、工程带动的发展阶段，再到科学治理、提速增效的推进阶段，如今我国已然实现了从"沙进人退"到"绿进沙退"的历史性转变，形成了治沙三字经即"防、治、用"和综合治理的"四梁八柱"，凝结成"保护优先、绿色发展，因地制宜、分类施策，系统治理、整体增强"的24字治沙方略，通过科学综合治理自然生态系统铸就起绿色屏障。1958年修建的贯穿沙漠的包兰铁路，1978年批复的"三北"防护林体系建设工程，以及之后甘肃张掖的"沙区建设+节水灌溉+林果产业"模式、西藏山南的"生态治沙+产业发展+带动增收"模式等，都见证了我国荒漠化防治的成功经验。生态环境日趋友好推动沙区从单纯的生态建设向生态建设与经济发展并举转型。2017年《联合国防治荒漠化公约》（COP13）的成功举办也意味着中国荒漠化防治工作也从最初的跟跑、并跑迈入到国际领先的新局面，中国防沙治沙经验逐步趋于全球化，为全球共同应对荒漠化难题做出贡献。保护和修复山水林田湖草沙生态系统是一项整体性的工作，要求我们以整体和局部的辩证关系为视角认知山水林田湖草沙，在认知的基础上形成系统保护和修复的规划体系，继而有序布局工农业的生态功能空间，最终建立起山水林田湖草沙系统治理的制度和科技体系。

山水林田湖草沙是不可分割的生态系统，统筹协调天更蓝、山更绿、水更清的生态环境。以习近平同志为核心的党中央在促进人与自然和谐共生上进行前瞻性思考，党的二十大报告深刻总结了新时代十年生态文明建设取得的历史性成就："我们坚持绿水青山就是金山银山的理念，坚持山水林田湖草沙一体化保护和系统治理，全方位、全地域、全过程加强生态环境保护，生态文明制度体系更加健全，污染防治攻坚向纵深推进，绿色、循环、低碳发展迈出坚实步伐，生态环境保护发生历史性、转折性、全局性变化，我们的祖国天更蓝、山更绿、水更清。"①我们在推进山水林田湖草沙一体化的实践中，应聚焦生态保护和修复重点任务展开相关工作，通过整体保护和系统修复的方式对其进行综合治理，推进形成山水林田湖草沙系统保护和修复新格局；应加强生态保护基础认知与科学规划间的有机衔接，统筹考虑自然系统的整体性、地理单元的连续性和经济社会

---

① 习近平. 高举中国特色社会主义伟大旗帜 为全面建设社会主义现代化国家而团结奋斗：中国共产党第二十次全国代表大会上的讲话 [M]. 北京：人民出版社，2022：11.

的可持续性，推动形成政府主导、多元主体参与的生态文明建设机制，最终构建起"人—自然—社会"和谐共生的生态系统。

二、绘就山水人城和谐相融新画卷

良好的生态环境是经济社会持续健康发展的现实需要，自然之美、生命之美、生活之美共同铸就良好的生态环境。只有做到以绿色发展引领推动区域协调发展，统筹好生产、生活、生态空间布局，才能从根本上解决人与自然和谐共生问题，实现共享自然之美、生命之美和生活之美的目标。

（一）以绿色发展引领推动区域协调发展

以绿色发展引领推动区域协调发展，目的在于解决发展不平衡不协调问题。我国西高东低的地形地势与东高西低的经济发展，彰显了我国迈向现代化的道路困难重重。京津冀、长江经济带、粤港澳大湾区、海南、黄河流域等地区都是我国实施生态战略的重点地区，对维护中华民族的长远利益、推动人与自然和谐共生具有重要意义。2018 年 11 月 18 日，中共中央国务院颁布了《关于建立更加有效的区域协调发展新机制的意见》，指出"实施区域协调发展战略是新时代国家重大战略之一，是贯彻新发展理念、建设现代化经济体系的重要组成部分"，强调要建立区域战略统筹机制、深化区域合作机制、优化区域互助机制、健全区域利益补偿机制、创新区域政策调控机制、健全区域发展保障机制等，旨在加快形成统筹有力、竞争有序、绿色协调、共享共赢的区域协调发展新机制。以绿色发展引领推动区域协调发展，不仅体现在以北京、天津为中心引领京津冀城市群带动环渤海地区协同发展，推动生态环境联建联防联治；也体现在充分发挥长江经济带横跨东中西三大板块的区位优势，以共抓大保护、不搞大开发为导向推动长江经济带发展，同步推进长江经济带生态环境保护和经济发展问题；还体现在以香港、澳门、广州、深圳为中心引领建设美丽粤港澳大湾区，着力提升当地的生态环境质量，带动珠江—西江经济带创新绿色发展。习近平总书记指出："以'一带一路'建设、京津冀协同发展、长江经济带发展、粤港澳大湾区建设等重大战略为引领，以西部、东北、中部、东部四大板块为基础，促进区域间相互融通补充。以'一带一路'建设助推沿海、内陆、沿边地区协同开放，以国际经济合作走廊为主骨架加强重大基础设施互联互通，构建统筹国内国际、协调国内东中西和南北方的区域发展新格局。"以治理区域为基本单元对生态系统展开保护和修复，是我国区域高质量协调绿色发展的实践探索，旨在推动自然生态系统摆脱割裂式的条块状态、逐步转为区块为主的条块结合状态，从而达到系统推进人与自然和谐共生的目标。

（二）探索以绿色发展为导向的生态之路

推动区域绿色协调发展是一个复杂的目标，需要综合考虑生态整体性方面的因素，思考如何走向生产发展、生活富裕和生态良好的目标。习近平总书记强调"要探索以生态优先、绿色发展为导向的高质量新路子"①，其实质就是统筹好生产、生活和生态空间布局，以绿色生产方式减少资源浪费和环境污染，以区域绿色协调发展优化生活空间布局，以生态多样性和完整性维持生态空间山清水秀，从而实现共享自然之美、生命之美和生活之美。黄河源头始于三江源这一生态高地，是我国重要的生态屏障和生态保护的主要区域。统筹推进黄河源头的系统治理，重点就在于根据流域功能定位将其划分为生态修复区、综合治理区、综合整治区三大区域，针对"一河（湖）"做到精准施策和规范管理，通过统筹流域治理等方式达到巩固黄河上游生态安全屏障的目的，通过协调联动"上下游、干支流、左右岸"着力推动绿色高质量发展。在探索以绿色发展为导向的生态之路的实践中，我们需要遵循系统的观念，统筹协调生产、生活和生态三者之间的关系，迈向共享自然之美、生命之美和生活之美的目标。正如习近平总书记所言"我们要坚持人与自然和谐共生，牢固树立和切实践行绿水青山就是金山银山的理念，动员全社会力量推进生态文明建设，共建美丽中国，让人民群众在绿水青山中共享自然之美、生命之美、生活之美，走出一条生产发展、生活富裕、生态良好的文明发展道路"②。生产发展、生活富裕、生态良好的统一，即山水人城的和谐相融，从来都不是一蹴而就的，而是在长期的实践中逐步探索出的。

---

① 习近平. 论坚持人与自然和谐共生［M］. 北京：中央文献出版社，2022：227.
② 习近平. 论坚持人与自然和谐共生［M］. 北京：中央文献出版社，2022：225.

第六章　人与自然和谐共生的绿色发展现实困境

绿色发展是一种可持续性发展的理念，旨在实现人与自然的和谐共生，保护生态环境容量、推动经济社会发展是其前提基础。然而，在实践中，绿色发展面临一些现实困境，既存在产业结构失衡导致的产业转型困境，也存在观念意识滞后造成的思想认知困境，还存在因技术人才匮乏而难以避免的技术创新困境，在制度规范、协同合作等方面也存在现实困境。

第一节　产业转型困境

产业转型升级是我国经济绿色发展的热点话题，解决产业困境是实现产业转型升级的必由之路。产业转型困境主要表现为：一是产品的初级化及同质化导致产业结构失衡，二是产业及经济结构失衡造成产业经济效益不高。

一、产品的初级化及同质化导致产业结构失衡

绿色发展是指在维护生态环境、减少资源消耗的前提下，推动经济增长和社会发展。绿色发展在实际产业转型中面临困境和挑战，产品的初级化及同质化导致产业结构失衡是产业困境的常见表征。产业结构失衡是指一个经济体系中不同产业部门的比重失衡，某些产业部门的发展迅速而其他产业相对滞后。产品的初级化及同质化是导致这一失衡现象的原因之一，究其原因，一是产品缺乏不可替代性特征、缺乏与其他产品竞争的能力，于是就可能导致产品间的低价竞争，行业盈利降低或亏损，致使部分

企业难以维持生存。二是产品的附加值降低，无法在市场上获得高昂利润，继而限制资金投入和创新，导致产业技术难以适应市场需求。三是产业结构失衡可能导致劳动力的流动问题，地区人员就业处于不稳定和波动状态。湖南省邵阳市曾是国家级贫困地区，如今已实现了绿色产业的转型升级，通过"两带一圈一极"规划全市绿色产业。两带是指绿色农业产业带和绿色工业聚集带，既包括发挥地区资源优势，在中东部丘陵地带建设烟茶等生产基底，在西部山林地产业带发展果木、竹木等产业，在其他区域发展花卉、农家乐等休闲农业；也包括有序布局传统产业和新兴产业，重点建设科技园区、特殊专业园区、配套产业园区等。一圈一极是指绿色旅游产业圈和绿色生态增长极，着力打造生态旅游等绿色产业。摆脱因产品初级化及同质化导致的产业结构失衡困境，需要做到：一是将绿色发展融入工农业产业发展，推动经济社会可持续发展，出台面向各行各业的绿色发展整体规划，根据各地的资源和地缘优势进行分区定位，在统筹兼顾资源、环境等因素的基础上，凸显绿色规划对地区发展的牵引作用，推动实现生态效益、经济效益和社会效益。二是将新型工业化作为整个经济发展的第一推动力，通过淘汰落后产能、改造传统工业实现产业升级、环保达标，通过先进高新技术和政策财税支持等推动产业转型向更加可持续的方向发展。三是通过市场布局、精深加工、品牌效应推动绿色产业提质升级。重点从源头抓好生产基地建设，把培育大型龙头企业作为产业发展的重点工作，尽可能把资源优势转为产品优势，将产品优势品牌化、国家化，从而达到提高产业竞争力的目的。

二、产业及经济结构失衡造成产业经济效益不高

产业结构松散、经济结构不合理，导致产业经济效益不高。经济结构不合理是指资源发展不平衡、过度依赖重工业、经济活动不可持续等。石化、采矿等高碳排放的产业往往制约绿色发展。一方面，传统经济结构依赖煤炭、石油等化石燃料，造成了对水、土地和原材料的过度消耗，加剧了能源供应的不稳定和环境污染的风险性，导致了环境资源的枯竭和生态系统的破坏。另一方面，高碳排放通常会产生大量的二氧化碳和其他温室气体，因造成气候变化从而对绿色发展产生不可忽视的影响。产业结构的高耗能、高排放又造成城市规划基础设施的不可持续，交通拥堵、空气污染等城市病接踵而至。产业结构松散是指不同产业之间联系不够紧密，缺

乏协同效应和产业链条的完整性。部分地区资源丰富但对其综合利用率不高，缺乏多元主体齐抓共管的合力，缺乏与之相配套的政策法规，未尚形成对绿色产业发展的统筹协调。为加快推进产业结构紧密联系、经济结构愈发合理，政府和企业可以共同制定产业政策，鼓励发展具有竞争力的新兴产业，通过调整资源分配来优化经济结构；不同产业之间可以通过加紧合作创造协同效应，集中力量发展极具优势、特色、潜力的产业，通过延长主导产业链形成上下游配套企业群，通过发挥产业集群优势效应提升生产效益。

第二节　思想认知困境

绿色发展是以人与自然的和谐共生为价值取向，以效率、和谐、持续为目标的社会和经济的发展方式。绿色发展的思想认识困境是指人们在接受绿色发展理念时存在思想层面的挑战和困难，意识淡薄、观念守旧、信息不对称等都是绿色发展思想认知困境的外化表现。

一、个体对绿色发展理念的认识仍旧浅薄

现实生活中多元主体对绿色发展的认知普遍存在意识淡薄的情况，既有企业对加快发展与绿色发展在认知维度的差异，也有个体在生产和消费行为习惯方面对绿色发展的认知模糊。就个体而言，人们的生活消费理念是推动绿色产业发展的重要动力，然而信息不对称或不准确、有偏见的信息等，会导致人们对绿色发展理念的认识缺乏深刻性认识，绿色发展理念尚未真正融入人们的生产生活，未能形成自觉的绿色行为习惯，以至于绿色发展的社会氛围不浓。特别是当人们的生活消费习惯与传统社会文化冲突时，人们的绿色行动甚至会受到一定程度的阻碍和抵制。人们对绿色发展意识的认识影响人们的行为习惯，行为习惯的改变带动形成绿色发展的社会氛围。因此，要加大对社会个体绿色发展意识的宣传力度，使绿色发展理念浸润到社会成员的心间，通过自我反思生活方式和消费习惯提升绿色发展的意识，继而自觉选择科学理性、安全舒适的绿色生活方式，并向亲人朋友分享绿色发展的相关信息，鼓励他们共同选择可持续的绿色生活方式，使绿色思维方式、生活方式、消费习惯成为一种社会时尚，最大限

度地促使广大人民群众形成降碳减污、绿色低碳的环保意识，推动全社会形成全民环保的良好生态氛围。尽管数亿人的生活习惯等难以在短时间内做出改变，但只有广大人民群众的绿色意识觉醒，人民群众才能展现出发展绿色技术的能力。因此，作为个体存在的广大人民群众，应始终将绿色发展理念作为核心意识，在追求自身发展的同时也坚持经济效益、社会效益和生态效益的统一。

二、企业对绿色发展的责任意识亟待加强

部分企业绿色发展责任意识不够强烈，往往倾向于追求即时的经济回报和利益最大化，缺乏对生产、分配、交换等各环节必要的绿色改革投入，忽视了绿色环保和可持续性的长远利益。同时，企业技术的不成熟、市场风险的存在、政策变化的不确定等因素，加剧了企业推动绿色发展的难度，也造成部分人对自身面临的经济和就业危机感到担忧。随着全球经济化进程的加快，环境污染的日趋严重，致使企业的发展不得不做出改变。在企业绿色发展的具体落实过程中，企业投资周期长、收益慢的现象多有发生，处理好短期利益与长期可持续性之间的冲突极有必要。面对生态环境保护压力、经济转型升级诉求，企业要深刻认识到绿色发展已成为社会发展的必然趋势，提高绿色发展的责任意识是关于自身未来可持续发展的关键一步。企业应增强发展绿色产业的主动性和责任感，将绿色发展作为企业决策的前提，明确绿色发展方向并坚定绿色发展决心，提高绿色发展能力建设包括但不限于环保等层面，构建企业绿色发展激励机制和管理制度，最终使"绿色化"成为贯穿企业发展的始终。同时，企业在生产、消费等各个环节应严格执行可持续发展标准，最大限度地革除传统经济发展的弊端、激活绿色产业的市场潜力，进而在企业发展与社会评价的双赢共进中推进绿色发展。

第三节　技术创新困境

技术创新是实现绿色发展目标的关键驱动力之一，但在技术的研发和应用中必然会遇到困难和挑战。技术瓶颈是我国经济绿色转型的制约因素，创新人才短缺是阻碍产业升级的主要因素，这些都形象地反映了当前

我国技术创新遇到的现实困境。

一、技术瓶颈是我国经济绿色转型的制约因素

技术瓶颈是我国经济发展绿色转型过程中不容忽视的制约因素。我国较为完整的工业体系和人口红利的优势促使经济发展迅猛，但整体科技水平相对发达国家而言较为落后。西方发达国家拥有更多的技术创新和研发资源，它们出于自身利益考量，将技术专利视为经济利益的一部分，通过出售专利许可和技术转让来赚取利润，使得包括中国在内的许多发展中国家只能在国际技术市场购买技术或专利，从而存在较强的技术依赖性和额外的经济负担。因此，通过技术创新推动我国经济向绿色发展转型、能源行业由高碳转向低碳势在必行。经济社会发展和新情况的出现，倒逼生产技术在动态发展中实现创新。"传统技术注重技术应用的经济指标，忽视了环境指标以及资源能源消耗指标；传统技术具有单向性，它按照'资源→生产→产品→消费→废物→排放'的单一流向运行，没有逆向的恢复过程。"[①] 传统工业和生产技术以高消耗、高排放、高污染为主要特征，能源的生产和使用本身可能产生废物和排放物，因而需要寻找更节能和环保的废物利用方法来降低能源消耗，但有些废物的处理和再利用并不一定具有良好的经济可行性，部分技术的研发和更新速度也不一定跟得上废物产生和处理的速度。因此，我们需要资金支持废物利用技术不断发展，以适应不断变化的环境标准。技术创新是提高资源利用率、降低资源能耗量的重要途径。正如马克思所言："所谓的废料，几乎在每一个产业中都起着重要作用。"[②] "把生产过程和消费过程中的废料投回到再生产过程的循环中去，无须预先支出资本，就能创造新的资本材料"[③]。这些成绩离不开以技术进步为标志的创新驱动发展战略的实施。迈克尔·波特将经济发展的驱动方式界定为要素、投资、创新、财富，创新驱动是未来经济发展获取更高效益的主要方式，旨在通过生产技术、研发能力等的创新实现技术成果的转化，技术成果的转化提升了其市场竞争力以获得经济效益。简言之，

---

① 杨发庭. 绿色技术创新的制度研究 [D]. 中共中央党校，2014：54
② 中共中央马克思恩格斯列宁斯大林著作编译局. 马克思恩格斯全集：第四十六卷 [M]. 北京：人民出版社，2003：116.
③ 中共中央马克思恩格斯列宁斯大林著作编译局. 马克思恩格斯全集：第四十四卷 [M]. 北京：人民出版社，2001：699.

技术创新是指生产技术的创新、新型科技的研发和现有技术的升级。生态技术有助于推动循环经济的实施，其中资源被最大限度地回收和重复使用。经济发展和资源环境之间的矛盾激化，促使经济发展方式不得不寻求转型。我国已经意识到技术创新面临的挑战，试图通过科技创新加快产业结构转型升级，以技术创新的方式驱动绿色生态建设，并加强科学技术对经济社会发展的贡献。

二、创新人才短缺是阻碍产业升级的主要因素

人才是衡量一个国家和地区科技实力的重要指标，创新人才短缺是当前阻碍产业升级的主要因素。科学技术对经济社会发展具有双重作用，既是人类思维和能力的延伸，表现在：在自动化和机器人技术领域，以技术取代人力，从而提高生产效率和生活质量；也是人类欲望和贪婪的帮凶，表现在：为获取更多资源和利润，加速资本压榨劳动力的速度，迫使劳动者创造剩余价值，在这个过程中造成资源恶性损耗和生态破坏。绿色技术是提高资源利用率、解决环境污染的重要手段，而技术人才是推动绿色技术创新发展的关键因素。当前，技术人才流失严重、人才引进难、人才经费投入少、创新激励机制弱等是最主要的创新人才困境，其中高精尖技术人才的缺乏、人才激励机制的不健全显得尤为突出。尽管中国在科技领域已经取得了显著进展，但与西方发达国家相比仍有较大的提升空间，譬如创新人才的教育和培养工作仍需进一步提升。毫无疑问，创新人才在推动科技进步、提高生产力和促进产业发展方面发挥着关键作用，一旦创新人才短缺就可能会限制产业升级和经济发展。因此，政府、企业等应尽可能采取政策来吸引和留住创新人才以实现绿色发展的目标。

第四节　制度落实困境

制度的生命力在于落实，执行效率低下、落实程度不足的制度是缺乏价值的。"盖天下之事，不难于立法，而难于法之必行；不难于听言，而难于言之必效。"① 制度的实效性发挥程度和其形成的合力大小是判断制度

---

① 周其运. 张居正传 [M]. 南京：中江苏凤凰文艺出版社，2021：133.

是否落实的重要指标。当前的制度落实困境具体展现为制度实效不强掣肘制度落实和制度合力不足影响制度落实。

一、制度实效不强掣肘制度落实

制度为纲，纲举目张。制度能否发挥实效性以及其实效性的发挥程度，既是判断制度是否落实的关键所在，又是研判制度生命力强度的要点所系。习近平总书记指出："保护生态环境必须依靠制度，依靠法治。只有实行最严格的制度、最严密的法治，才能为生态文明建设提供可靠保障。"①在推动人与自然和谐共生的绿色发展过程中，增进制度实效性是贯通理论与实践的重要关卡，是将理念转化为现实的必经环节。制度实效不强是由多方面原因共同造成的。其一，与制度配套的法律法规有效执行力度有待提升。当前仍存在落后产能淘汰未落实、企业非法排污、自然保护地违规建设等一系列突出问题，亟须不断完善相关法律法规，提高法律的可诉性，对其开展环境污染责任追究，进行法律判决和落实惩罚性赔偿，以增强对责任主体的震慑力。其二，与制度配套的多元共治监督格局有待完善。相较于政府在监督方面的一再强调，企业、社会组织以及公众等促进人与自然和谐共生的绿色发展主体在落实主体责任方面较为欠缺。其表现为企业的行业自律意识有待加强、社会监督效力有待提升、公众监督意识有待增强。其三，公众在制度建设方面的参与程度有待提升。有效的公众参与能够为制度落实提供广泛的支持。公众参与的系统性特点决定公众参与的有效性不等于公众个体行动的简单汇总。当前公众对制度的掌握水平停留在较为浅显的层面，尚未进入较为深入的层面，难以发挥公众参与制度建设的效度。

二、制度合力不足影响制度落实

制度与制度之间不是孤立存在的，它们具有相互补充、互为印证的紧密联系。制度与制度能否形成推动发展的合力，是衡量制度落实与否的关键要素。当前制度在促进人与自然和谐共生的绿色发展方面的合力不足，其主要表现在制度与制度之间的协调性有待提升、细化和量化的程序性标准有待深化，以及涉及多元主体的利益协调机制有待优化。其一，制度与

---

① 习近平. 论坚持人与自然和谐共生 [M]. 北京：中央文献出版社，2022：33—34.

制度之间的协调性有待提升。在制度建设过程中，在注重理论定性的同时，对制度结构和层次划分的重视程度有待提高。这一重视程度的差异直接导致了"基本制度与制度安排、体制性安排与具体制度安排、具体制度安排与程序性规则、法律规则与实施细则，以及不同领域制度规则之间"①的区分性不足，影响了制度与制度之间的协调性。此外，制度与制度之间存在部分重复、冗杂的情况以及其要求多元主体共同参与但是权责划分不够明确，亦削弱了制度与制度之间的协调性。其二，细化和量化的程序性标准有待深化。部分制度设计属于原则性的规定，其使用"不准""禁止"等旗帜鲜明的规定性话语，但是缺乏配套的指导开展程序性规则；部分制度相较于制度规则，其实质更偏向于具有动员意义的宣传教育口号，缺乏具体的执行规定；部分制度在设计方面较为笼统，在面对对象方面较为空泛，缺乏具体规则的刚性约束。细化和量化的程序性标准设计不足，对制度合力发挥造成了消极影响。其三，涉及多元主体的利益协调机制有待优化。人与自然和谐共生的绿色发展需要多元主体共同参与。不同主体既具有不同的角色定位，又具有不同的利益诉求。但是，目前涉及多元主体的利益协调机制在回应不同主体诉求、满足不同主体需要方面仍具有较大的发展空间。

第五节　协同合作困境

人与自然和谐共生的绿色发展是事关全人类生存和发展的共同事业。实现人与自然和谐共生的绿色发展，不只是需要一家一国参与其中，而是需要从国内国际共同发力，形成协调合作的良好局面。然而，国内区域绿色协同合作有待增强和国际绿色发展协同合作有待深化，是人与自然和谐共生的绿色发展当前面临和亟须回应的协调合作困境。

一、国内区域绿色协同合作有待增强

伴随着我国经济的发展，生态环境问题逐渐显现并造成了对可持续发展的现实威胁。实现人与自然和谐共生的绿色发展成为保障中华民族永续

---

① 施惠玲. 基层治理中制度执行不力的深层原因 [J]. 国家治理，2020 (14)：34-39.

发展的必然选择。在我国发挥区域重大战略的提升引领下，京津冀地区、长三角地区、黄河流域、粤港澳大湾区等重点区域绿色发展取得了显著成效。这些区域绿色发展先行区在协调推动生态安全与经济发展方面做出了榜样示范。然而，国内区域绿色协同合作面临机制体制、实施领域以及政策体系等方面的阻力，其发展协同性仍是有待增强。其一，固有的行政管理体制制约了区域绿色协同合作的融合发展。基于固有的行政管理体系，跨地区的多部门之间以平行关系居多，它们相互之间没有管理监督指导权力，未能贯通生态环境信息和资源的互通环节，容易出现各自为政、互不相干的混乱现象。这一现象对区域绿色协同合作的融合发展造成了负面影响。其二，有限的生态环境制度创新领域制约了区域绿色协同合作的深度发展。区域绿色发展先行区在区域内一体化治理有所进益，但是在重点跨界领域和生态保护关键问题方面有待开拓。例如长三角地区在生态环境标准、环境监测体系、环境监督执法等方面创新建立了"三统一"制度，但是其在土壤、大气、生态系统保护、环境基础设施等领域的制度创新力度还需增强。其三，现有的政策保障体系制约了区域绿色协同合作的广度发展。其表现在省际生态补偿制度的进度较为缓慢，跨省间的横向补偿财政税收体制保障有待深化，区域内多元双向生态补偿等制度体系有待完善。着手破解区域绿色协同合作所面临的机制体制、实施领域以及政策体系等难题，增进区域绿色协同合作的融合、深度和广度，才能够为推进我国人与自然和谐共生的绿色发展注入强大动力。

二、国际绿色发展协同合作有待深化

日益增长的全球性环境问题成为制约全人类生存发展的国际性问题，实现人与自然和谐共生的绿色发展成为推动人类社会可持续发展的关键。环境问题和绿色事业的整体性和关联性特点，决定了单一力量无法解决这一重大问题和单一国家无法完成这一历史伟业。在人与自然和谐共生的价值引领下，推进国际绿色发展协同合作是解决全球性环境问题和完成绿色发展事业的必然选择。国际绿色发展协同合作已经取得了一定成效，但是南北矛盾突出、监管保障机制缺失、国际污染转移等现实性问题阻碍了国际绿色发展协同合作的深化。其一，南北矛盾突出。基于经济发展水平和相应需求的差距，发达国家与发展中国家对待环境问题的态度有所差别。同时，发达国家在承担环境问题历史责任时的逃避态度以及其在资金资助、技术转移方面的作为不足。这些因素的相互交织，共同导致发达国家与发展中国家在绿色发展协同合作事业中的合力发挥差强人意。其二，监管保障机制缺失。尽管国际上已形成多份与绿色发展合作相关的公约，但是公约在可操作性和强制力方面的薄弱以及缺乏强有力的监督管理平台，限制了国际绿色发展协同合作的深入发展。其三，国际污染转移。当前，工业化的发达国家向落后发展中国家的污染转移仍然存在，转移污染只是转移了污染责任，并不等同于治理污染，反而加剧了不同国家间的矛盾，加深了国际绿色发展协同合作的现实障碍。

第七章　人与自然和谐共生的绿色发展实践路径

　　探究真正落实人与自然和谐共生的绿色发展所需要采取的路径，即将理论付诸实践领域的具体行动。实践路径主要从主体力量、思想理念、动力机制、制度保障和法治护航五个方面展开：第一，绿色发展强调多元主体的共同参与，要求聚合多元主体协同落实绿色发展；第二，推行绿色发展必须注重思想理念对行动的影响力，倡导在社会范围内塑造绿色低碳循环的行为价值取向；第三，推行绿色发展要予以其持续动力，绿色发展的重点是发展，开拓绿色经济增长点突破发展瓶颈；第四，推行绿色发展要注重发挥制度的保障性优势，建立健全生态文明制度体系；第五，践行绿色发展要在立法上予以支持，丰富生态文明法律体系，用完善的立法明确绿色发展的重要地位。

第一节　主体力量：统合多元主体协同推动绿色发展

　　《中华人民共和国宪法》在总纲中明确规定："国家保护和改善生活环境和生态环境，防治污染和其他公害。国家组织和鼓励植树造林，保护林木。"中国特色社会主义最本质的特征是中国共产党的领导，中国特色社会主义制度的最大优势是中国共产党的领导。在党的领导下，要充分调动政府、企业、社会组织和公众等多元主体的积极性，推动多元主体形成协同促进人与自然和谐共生绿色发展的合力。

一、政府主导绿色发展

　　政府是促进人与自然和谐共生的绿色发展的主导力量。党的十九大报告明确主张："构建政府为主导、企业为主体、社会组织和公众共同参与的环境治理体系。"① 党的二十大报告则进一步指出："健全现代环境治理体系。"② 从我国环境保护手段的演进视角来看，我国先后由以政府行政命令为单一内容的环境管制，转为政府和市场两者通力合作的环境管理，发展为政府、企业、社会组织和公众多元主体共同参与的环境治理，再到强调当前应当着眼于健全现代环境治理体系。政府作为多元主体中的核心成员，它在多个利益主体共同推进人与自然和谐共生的绿色发展的实践过程中既扮演着关键的角色，又具有重要的影响。政府在由政府、企业、社会组织和公众共同构成的多元主体中占据主导地位，它是促进人与自然和谐共生的绿色发展的中流砥柱。政府不仅能够充分调动企业、社会组织和公众等其他主体共同参与落实人与自然和谐共生的绿色发展的积极性，而且能够依据企业、社会组织和公众等其他主体的角色定位、能力大小为其划分领域边界，分配具体任务。

政府是人与自然和谐共生的绿色发展的理念架构者。思想是行动的向导。中国共产党在吸收借鉴国内国外发展的经验教训、分析把握国内国外发展趋势的基础上，在十八届五中全会上鲜明提出创新、协调、绿色、开放、共享五大发展理念。绿色发展代表了中国特色社会主义建设的未来指向，绿色发展理念凝聚了构建人与自然之间和谐共生关系的社会共识。五大发展理念的提出，既意味着绿色发展被放置在发展全局中极为突出的关键地位，又意味着党和政府共同着力于满足人民群众对美好生活环境的向往。绿色发展理念代表了党和人民群众在开展生态文明建设过程中认识的提升，标志着生态文明理念在中国特色社会主义新时代的时代方位下实现了崭新的发展。绿色发展这一生态文明理念崭新坐标的确立，不仅与党和政府在主导生态文明建设过程中的积极倡导和实践探索紧密相连，而且与党和政府在承继中华优秀传统生态文化、传承革命传统、借鉴他国经验的思想融汇和观念更新息息相关。政府以实现人与自然和谐共生为重要价值导向，宣传绿色发展理念，实行绿色发展方式，为全社会擘画了人与自然居于和谐共生关系的理想愿景。政府重视实现人与自然和谐共生之于人民

---

① 习近平. 决胜全面建成小康社会 夺取新时代中国特色社会主义伟大胜利：在中国共产党第十九次全国代表大会上的报告 [M]. 北京：人民出版社，2017：51.

② 习近平. 高举中国特色社会主义伟大旗帜 为全面建设社会主义现代化国家而团结奋斗：在中国共产党第二十次全国代表大会上的报告 [M]. 北京：人民出版社，2022：51.

群众的重要价值，聚焦人与自然和谐共生的绿色发展的理念架构，为人们秉持文明生活理念、追求精神价值、实现理想生存方式提供了积极指引。

政府是人与自然和谐共生的绿色发展的实践推进者。作为公共权力和公共利益的重要代表，政府在社会发展历程中扮演着关键角色。政府在总结社会主义现代化建设促使中国由落后农业国转变为先进工业国的发展经验的同时，深刻认识并着眼于解决发展过程中出现的生态环境恶化、生存空间破坏的急迫问题。政府紧扣这一发展难题，创造性提出五大发展理念，以人与自然和谐共生的绿色发展为重要理念进行破题。政府在走出"唯经济决定论""发展主义"等认识迷雾的同时，在开辟中国特色社会主义生态文明建设道路中发挥着战略性的推动作用。政府的首要职能体现为提供公共产品，组织应对公共危机。和谐良好的生态环境是同属于人类的优质公共产品。公共物品属性是生态环境的重要属性，它基于市场自身的逐利性和自发性共同决定了市场在生态文明建设中的从属地位。政府以人与自然和谐共生的绿色发展为实践导向，在事关生态文明建设实效的产业领域发挥着主导产业结构调整的关键作用。一方面，政府引导产业结构调整，以增加科研资金投入的方式拉动生态文明领域内的科研发展；另一方面，政府积极优化产业结构调整，以法律、税收、行政等手段支持绿色产业的发展壮大。基于自身在生态文明建设中所承担的重要责任，政府在理念层面架构了人与自然和谐共生的绿色发展的理想愿景，其在实践层面则为实现此理想愿景发挥着极为关键的推动作用。

二、企业助力绿色发展

企业是促进人与自然和谐共生的绿色发展的重要力量。习近平总书记在党的二十大报告中针对"推动绿色发展，促进人与自然和谐共生"明确指出"加快发展方式绿色转型""深入推进环境污染防治""提升生态系统多样性、稳定性、持续性""积极稳妥推进碳达峰碳中和"① 等具体要求。这些具体要求既与政府的战略决策紧密相关，亦与企业的发展方向联系密切。企业是按照法律规定创建的可以独立进行核算，以营利为目标的经济组织，其主要从事的事项是产品生产、销售以及提供服务等②。企业

---

① 习近平. 高举中国特色社会主义伟大旗帜 为全面建设社会主义现代化国家而团结奋斗：在中国共产党第二十次全国代表大会上的报告 [M]. 北京：人民出版社，2022：49-51.

② 王牧. 经济法 [M]. 重庆：重庆大学出版社，2004：22.

既是市场中不可或缺的重要主体，又是造成环境污染、资源耗费的重要主体。回顾我国由落后生产力水平迈向先进生产力水平的发展历程，企业在其中发挥了重要作用。但是部分企业在过往的发展历程中为获取大量利润、占据领先地位，罔顾资源的有效性和环境的公共产品属性，盲目开展物质生产活动。部分企业为回避处理生产过程中造成的废弃物的成本，将废弃物的处理转嫁给社会，更是加剧了社会资源的消耗与生态环境的破坏，对自身乃至社会的长远发展造成消极影响。伴随经济的快速发展，企业逐步成为现代社会中重要的基本单位，对社会生活的各个领域都有重要影响。在开展造福于全人类的生态文明建设，实现人与自然和谐共生的绿色发展的当前社会，无论是出于自身的可持续发展，还是基于社会整体的发展利益，企业均具有责无旁贷的绿色责任，承担着推进绿色发展的重要使命。

企业是人与自然和谐共生的绿色发展的治理责任方。党的二十大报告指出："深入推进环境污染防治。坚持精准治污、科学治污、依法治污，持续深入打好蓝天、碧水、净土保卫战。加强污染物协同控制，基本消除重污染天气。"[①] 企业是市场经济活动的主要参与者，不仅承担社会生产和流通的重要环节，而且向社会供应生产产品和服务。我国的经济快速发展得益于企业的推动作用，但是企业对自身在生产和流通环节产生的污染物的不合理排放，使得自身成为导致水污染、大气污染以及土地污染等环境问题频发的重要责任方。"企业是市场主体，企业能否承担生态责任对于生态文明建设至关重要"[②]。以"谁开发谁保护、谁污染谁负责"的环保责任原则为依据，企业是污染物的制造者，它对污染防治具有主要责任。我国经济发展步入新常态，经济发展速度相对放缓，污染防治的重要性进一步显现。企业在追求实现自身经济利益的同时，应当自觉承担生态责任，着力开展污染防治。人与自然和谐共生的绿色发展为企业昭示了一条注重污染防治，实现企业发展与环境保护相得益彰的和谐道路。近年来，企业在污染物排放和处理方面进行了资金投入和技术升级，使得污染防治取得了一定成效。企业在贯彻落实人与自然和谐共生的绿色发展理念的基础上，自觉接受政府、社会组织和公众的监督，将增长经济利益与加强污染

---

① 习近平. 高举中国特色社会主义伟大旗帜 为全面建设社会主义现代化国家而团结奋斗：在中国共产党第二十次全国代表大会上的报告 [M]. 北京：人民出版社，2022：50-51.

② 王春益. 生态文明与美丽中国梦 [M]. 北京：社会科学文献出版社，2014：321.

防治相结合是未来的长效发展道路。

企业是人与自然和谐共生的绿色发展的绿色生产者。党的二十大报告提出："发展绿色低碳产业，健全资源环境要素市场化配置体系，加快节能降碳先进技术研发和推广应用，倡导绿色消费，推动形成绿色低碳的生产方式和生活方式""推动能源清洁低碳高效利用，推进工业、建筑、交通等领域清洁低碳转型"[1]。伴随着经济社会的发展和生态文明建设的推进，传统的粗放式生产方式已然不适合当前社会的发展要求，现代的绿色生产方式因其可持续发展性而逐步成为众望所归。生态文明是人类文明发展的崭新形态，生态文明建设是实现人类与自然和谐相处的发展要求。企业的良好发展和自然环境的优化是并行不悖、相辅相成的。企业是绿色生产的关键主体，亦是绿色生产在微观层面的主要承担者。企业的绿色生产是奠定整个社会的绿色发展的重要基石。企业作为绿色生产的关键主体，在开展绿色生产的首要前提是具备绿色生产意识，能够运用绿色生产意识指导绿色生产行为，并且在进行绿色生产的过程中注重开展绿色技术研发，实现绿色生产能力的升级优化。企业树牢绿色生产意识，自觉肩负保护环境的主体责任，将绿色生产意识贯通于各个生产环节，为社会供应合乎环保要求、适宜公众需求的绿色产品。在开展绿色生产的同时，企业既加强自身对绿色技术的系统研发，又加强与外界绿色技术的合作研发，为助推绿色生产的发展进步而不断增添新的技术增长点。

三、社会组织和公众参与绿色发展

社会组织和公众是促进人与自然和谐共生的绿色发展的广泛力量。社会组织和公众为人与自然和谐共生的绿色发展理念的落地打造了最为广泛的发展战线。2017 年，环境保护部、民政部联合印发的《关于加强对环保社会组织引导发展和规范管理的指导意见》指出："以环保社会团体、环保基金会和环保社会服务机构为主体组成的环保社会组织，是我国生态文明建设和绿色发展的重要力量。"[2] 该意见既表达了对环保社会组织工作的

---

[1] 习近平. 高举中国特色社会主义伟大旗帜 为全面建设社会主义现代化国家而团结奋斗：在中国共产党第二十次全国代表大会上的报告 [M]. 北京：人民出版社，2022：50-51.

[2] 环境保护部，民政部. 关于加强对环保社会组织引导发展和规范管理的指导意见[EB/OL]. (2017 - 01 - 26) [2023 - 11 - 02]. https://www.mee.gov.cn/gkml/hbb/bwj/201703/t20170324_408754.htm.

高度重视，又注重对环保社会组织进行指导帮助，还强调致力于"形成与绿色发展战略相适应的定位准确、功能完善、充满活力、有序发展、诚信自律的环保社会组织发展格局"①。广大人民群众是经济建设和生态文明建设的重要主体和实践者。环境保护部在 2015 年公布施行的《环境保护公众参与办法》指出："鼓励公众自觉践行绿色生活、绿色消费，形成低碳节约、保护环境的社会风尚"②。生态文明建设程度与公众日常生活息息相关，与公众的社会获得感、生活幸福度紧密相连。在环境问题并不鲜见的当前，生态治理、生态文明建设相应地被拔升到战略发展新高度。生态文明建设不仅需要政府、企业和社会组织的齐心协力，而且需要广大人民群众的自觉参与。人与自然和谐共生的绿色发展需要统筹政府、企业、社会组织和公众等多元主体，协调发力促进这一理念的贯彻落实。

社会组织是人与自然和谐共生的绿色发展的重要参与者。社会组织不同于政府、企业和公众，它是介于三者之间的桥梁和纽带，以自身独立的团体身份在社会发展中发挥重要作用。特别是环保社会组织，它在生态文明建设中具有举足轻重的关键地位。环保社会组织坚持以环境保护为基本原则，致力于为社会提供事关环境保护的公益服务。我国环保社会组织是推动环境治理、促进生态文明建设的重要力量。我国环保社会组织参与环境治理先后经历了三段发展历程。第一阶段为萌发阶段。在 1973 年召开全国环境保护会议后，环保组织伴随着社会主义市场经济体制的确立而萌发，其中自然之友是最早成立的全国性环保社会组织。第二阶段为拓展阶段。伴随着我国在 2003 年进入战略调整期，环境保护亦被拔升至战略地位，在此期间诸多如同《关于培育和引导环保社会组织有序发展的指导意见》一类文件的公布更是有助于推动环保社会组织参与治理。第三阶段为转型阶段。2015 年，中共中央、国务院出台《关于加快推进生态文明建设的意见》以及党的十八届五中全会提出五大发展理念，将生态文明建设和绿色发展理念提升到战略新高度，环保社会组织的重要性更为凸显。人与自然和谐共生的绿色发展为环保社会组织开展环境保护活动提供了理念支

---

① 环境保护部，民政部. 关于加强对环保社会组织引导发展和规范管理的指导意见[EB/OL].（2017－01－26）[2023－11－02]. https://www.mee.gov.cn/gkml/hbb/bwj/201703/t20170324_408754.htm.

② 环境保护部. 环境保护公众参与办法[EB/OL].（2015－07－13）[2023－11－02].https://www.mee.gov.cn/gkml/hbb/bl/201507/t20150720_306928.htm.

撑，深刻回答了建设人与自然居于何种状态的重要问题，有力创造了环保社会组织参与环境治理、促进环境优化等实践活动的思想前提。

公众是人与自然和谐共生的绿色发展的重要建设者。2023 年 5 月，生态环境部、中央精神文明建设办公室、教育部、共青团中央、全国妇联修订和发布了《公民生态环境行为规范十条》，具体内容为"关爱生态环境""节约能源资源""践行绿色消费""选择低碳出行""分类投放垃圾""减少污染产生""呵护自然生态""参加环保实践""参与环境监督""共建美丽中国"[①]。生态环境的好坏程度、生态文明建设的发展程度关乎公众的生活生产水平。生态环境具有公共产品的重要属性。良好的生态环境是最为公平的公共产品，亦是最为普惠的民生福祉。公众不仅是良好生态的受益者，而且是生态破坏的受害者。不同于政府、企业和社会组织，公众具有分布广、视野新等特点，使得它能够具备前三者无法比拟的广泛优势。作为庞大群体，公众能够对政府、企业以及社会组织参与环境保护事业，推进生态文明建设的具体作为进行广泛而长久的监督。公众对环境保护事业和生态文明建设的广泛参与，将促使环境保护事业和生态文明建设焕发新的生机活力。马克思指出："哲学家们只是以不同的方式解释世界，问题在于改造世界"[②]。人与自然和谐共生的绿色发展为公众参与环境保护事业和生态文明建设创造了思想指引。公众在将人与自然和谐共生的绿色发展融汇为自身生态文明素养的过程中，积极参与和自觉投身生态保护实践活动，并且在参与生态保护实践活动的同时，有效提升对生态文明建设的重要认知，进一步增强自身的生态文明素养。

第二节　思想理念：倡导绿色低碳循环的行为价值取向

人与自然和谐共生的绿色发展首先需要在思想观念上进行落实，具体展现为倡导绿色低碳循环的行为价值取向。将绿色价值观念、低碳价值观

---

① 生态环境部，中央精神文明建设办公室，教育部，共青团中央，全国妇联. 关于发布《公民生态环境行为规范十条》的公告［EB/OL］.（2023-05-31）［2023-11-02］.https://www.mee.gov.cn/xxgk2018/xxgk/xxgk01/202306/t20230605_1032476.html.

② 中共中央马克思恩格斯列宁斯大林著作编译局. 马克思恩格斯选集：第一卷［M］.北京：人民出版社，2012：136.

念和循环价值观念融入人的思想观念，有助于发挥思想理念引领实践行动的积极作用，进而推动人与自然和谐共生的绿色发展的发展历程。

一、坚持绿色价值观念

绿色价值观念是促进人与自然和谐共生的绿色发展的首要价值观念。绿色价值观念与人与自然和谐共生的绿色发展紧密相连，绿色价值观念以人与自然和谐共生为主要特征。绿色价值观念，既表现为"在为不断满足人们日益增长的物质、精神需求的经济发展中，务必以尊重自然生态规律，正确认识其价值为前提，注重对自然资源索取的适度性，倡导绿色生产、绿色消费等"质的规定性，又具有"绝大多数国人或者所有国人都建构起绿色思维及绿色价值观"量的规定性①。习近平总书记在多个场合强调："倡导尊重自然、爱护自然的绿色价值观念"②。绿色价值观念旨在引导人们坚持适度原则在自然的承载力范围之内向自然进行生存生产生活资料的索取，并且以最小的生态环境代价来满足自身需求，促进实现经济社会发展的最优化。绿色价值观念代表了人类在反思自身生存危机后重新考量人与自然关系而开辟的认识新境界。绿色价值观念内蕴着实现人与自然和谐共生的重要目标，它天然地展开以尊重自然、爱护自然为核心的人与自然相处智慧。绿色价值观念倡导人们在致力于经济建设与资源开发过程中，以自然规律为遵循，杜绝对自然的无节制、无限度开发，自觉将经济发展对自然环境的负面影响控制在自然的承载力范围以内，以确保自然系统在保障发展的同时能够实现自身的调整与恢复，为实现经济有序发展和生态环境良好的双向共进奠定重要基础。

尊重自然的绿色价值理念，促进人与自然和谐共生的绿色发展的实现。回溯人类发展历史，人们深刻认识到人类利用资源应当是有限度的。自然不能无限度、无节制地满足和承担人类对资源的消耗。自然所能承担的人类对其造成的破坏是有限度的。自然为人类提供了赖以生存的物质基础，人类为自然的发展创造了无限可能。尊重自然是第一位的，尊重自然是尊重科学，亦是尊重人类自身。历史的经验一再告诉我们，人类应当尊

---

① 王杏玲. 试论绿色价值观的建构与实现 [J]. 江南大学学报（人文社会科学版），2005 (2)：10-12.

② 中共中央宣传部，中华人民共和国生态环境部. 习近平生态文明思想学习纲要 [M]. 北京：学习出版社，人民出版社，2022：93.

重自然界的客观规律。自然在最为适宜的状态下，才能够发挥促进人类发展的关键效用。只有尊重自然，才能奠定人与自然和谐共生关系的重要基础。在党的统一领导下，政府坚持习近平生态文明思想的理论指引，倡导以绿色发展方式实现人与自然和谐共生的现代化，牢固树立尊重自然的理念，确立尊重自然的政策，引导社会逐步生成尊重自然的良好风尚。企业坚持自身是推动社会发展进步推动力量的身份定位，勇于承担促进人与自然和谐共生的绿色生产责任，既在内部加强尊重自然的观念培育，又将尊重自然的绿色价值理念贯通物质生产和商品流通的具体环节。社会组织，特别是环境保护组织，应牢记自身保护环境、促进人与自然和谐共生的宗旨，积极开展面向社会大众的以尊重自然为主题的宣传活动，促进公众形成对尊重自然的绿色价值理念的深刻认同。公众积极响应政府引导和社会组织倡导，在日常生活和商品消费的过程中延续企业的绿色价值理念，打通尊重自然的绿色价值理念的"最后一公里"。

爱护自然的绿色价值理念，促进人与自然和谐共生的绿色发展的实现。自然是人类的生命摇篮，为人类、人类社会以及人类文明的发展创造了物质基石。马克思主义认为，人对待自然的态度问题，实质上是人类对待自己的态度问题，是"人类的部分与整体、片面与全面、眼前与长远、现在与未来之间的关系问题"①。立足人与自然的关系问题，人类在生产实践活动中不应以主宰者的姿态，仅仅将自然作为满足自己物质需要的工具，随意破坏人与自然的和谐关系。人类应当遵循马克思的观点，将人的尺度与自然物的尺度两相统一，在改造自然、利益自然的同时关照自然、爱护自然，追求人与自然和谐共生的实现。政府重视爱护自然之于人民群众的重要价值，以人与自然和谐共生的绿色发展为理念架构，制定与爱护自然绿色价值观念紧密相关的政策，实现全社会范围内的爱护自然绿色价值观念的理念塑造。企业在开展物质生产活动时，应当以尊重自然、爱护自然为重要行为价值取向，注重绿色生产方式，在废弃物处理、产品包装、产品运输等必要环节充分考虑，自觉采取环保措施，降低对自然造成的破坏程度。社会组织，特别是环境保护社会组织，在坚持以推进环境保护事业为己任的同时，在社会上进行尊重自然、爱护自然的积极呼吁。公众充分认识自身在绿色发展中的主体责任，在坚定尊重自然绿色价值理念

---

① 陈全清. 生态文明理论与实践研究 [M]. 北京：人民出版社，2016：76.

的基础上确立爱护自然的绿色价值理念，并在实际生活中自觉践行尊重自然、爱护自然的绿色行为。

二、弘扬低碳价值观念

低碳价值观念是促进人与自然和谐共生的绿色发展的重要价值观念。人与自然和谐共生的绿色发展向人类提出了保护环境、维护生态平衡的基本要求。"绿色低碳，清洁美丽"是人类命运共同体在生态方面的重要观点。低碳价值观念强调以低碳发展为发展方式，其终极目标"旨在以低碳的生活方式促进人与自然和谐相处"①。低碳价值观念的核心价值是注重节能、强调减排。在经济飞速增长的同时，社会对环境保护的重视程度逐步提高。2020年，习近平总书记明确提出我国的"碳达峰、碳中和"的目标。"碳达峰、碳中和"目标的实现，不仅需要全社会真切确立低碳价值观念，而且要求全社会推进低碳转型，真正将低碳行为落实到生产生活秩序中的方方面面。低碳发展的顺利推进，其核心在于全社会能否形成价值观念。为达成此目标，首先需要加强人们的环境保护意识和文明素质，引导其遵循自然生态系统和社会生态系统的规律，积极地改善人与自然的关系，乐于将低碳价值观念融入日常生活之中，为低碳发展的顺利进行贡献自己的力量。低碳工业与高碳工业，不仅在是否采用新能源、清洁能源，是否减少二氧化碳排放量，是否在废物处理、包装、运输等环节注重低碳环保等产业路径方面大相径庭，而且在生产、消费及生活中梳理低碳价值观念的意识观念层面差异显著②。低碳发展是推进人与自然和谐共生的绿色发展的应有之义③。低碳价值观念有助于指引社会在开展物质生产和生活消费的过程中，注重低碳指标，采用低碳技术，引领低碳行为的落地。

注重节能的低碳价值理念，促进人与自然和谐共生的绿色发展的实现。低碳价值观念需要贯通培养和教育的重要环节，促使其内化为人们的基本素养和价值理念。自然有其承受力范围，自然资源同样不是取之不尽用之不竭的，而是有限且不可再生的。我国人口基数庞大，经济态势持续

---

① 李红梅. 中国特色社会主义生态文明建设理论与实践研究［M］. 北京：人民出版社，2017：234.

② 卢安，郭燕，郝淑丽. 服装企业组织碳足迹评价研究［M］. 北京：人民出版社，2016：157.

③ 李红梅. 中国特色社会主义生态文明建设理论与实践研究［M］. 北京：人民出版社，2017：234.

发展，对自然资源的需求和使用量是与时俱增的。习近平总书记针对现有生态环境问题的成因进行分析和总结，他明确指出"生态环境问题，归根到底是资源过度开发、粗放利用、奢侈消费造成的。"① 相较于传统发展模式的高碳特点，作为一种绿色发展模式，低碳发展的核心是推广低碳能源技术，目的在于实现由依赖资源能源消耗增量、高能耗高排放的发展模式转变为依靠低碳能源技术促进更新资源利用方式，最终推动人与自然和谐共生。为推动人与自然和谐共生的绿色发展，我们必须在全社会范围内宣传节能的低碳价值观念，进而在经济进步和自然保护中寻求低碳发展模式的落地生根。政府以能源资源节约增效为目标，强化节能项目管理和节能措施落实，推动公共机构节约能源资源工作深入发展，在全社会范围内开展常态化节能宣传。企业一方面以政府宣传的节能理念为遵循，积极配合政府出台的节能措施；另一面抓住绿色发展机遇，对自身进行以绿色生产、低碳发展为导向的战略调整。社会组织，特别是环境保护组织面向公众开展节能宣传，普及节能理念。公众则是在充分认识到节能之于自身福祉密切联系的基础上，增强对节能理念的认同程度，在实际生活中落实节约能源、保护环境的行为举止。

强调减排的低碳价值理念，促进人与自然和谐共生的绿色发展的实现。全球性气候变暖深刻影响着人类的生存和社会经济的发展，探索以节能减排为内容，以实现人与自然和谐共生为目标的低碳发展之路逐渐成为各方的共同追求。世界各国一道处在全球性生态、环境与气候变化的威胁之下，如果不能有效应对危机，不但人类世代积累的经济财富将面临毁灭的风险，人类社会、人类文明亦有可能陷入倒退逆境甚至是覆灭绝境。低碳发展是人类的必然选择。低碳发展坚决要求：在杜绝不顾后果、随意排放二氧化碳等温室气体的粗放型经济增长模式的基础上，发展以科学技术为推动力、有效降低排放二氧化碳等温室气体排放量的集约型经济增长模式。政府作为促进人与自然和谐共生的绿色发展的主导力量，在物品采购和项目招标的过程中坚持绿色优先的重要原则，争当减少排放威胁环境的表率，并倡导全社会一道创建绿色企业、绿色低碳校园、绿色低碳社区，共建绿色低碳城市、绿色低碳农村。企业积极响应政府号召，以政府制定的绿色技术标准为重要依据，严格设置和深刻落实自身的排放标准，降低

---

① 习近平. 习近平谈治国理政：第二卷 [M]. 北京：外文出版社，2017：396.

在生产、运输等环节产生的二氧化碳等温室气体排放量。社会组织，特别是环保社会组织切实履行环境保护方面的监督责任，针对造成环境污染的主体进行监督，针对未妥善处理环境污染后果的主体提起公益诉讼，督促造成污染的主体承担环境修复责任。公众作为最为广泛的促进人与自然和谐共生的绿色发展主体力量，充分利用分布广泛的显著优势，自觉监督任何单位或个人在进行物质生产、商品交换以及资源开发等过程中出现的高排放问题，并且是以《环境保护公众参与办法》为参照向环境保护主管部门举报环境污染的行为主体。

三、秉承循环价值观念

循环价值观念是促进人与自然和谐共生的绿色发展的关键价值观念。循环价值观念的内容是环保优先、系统为要。党的二十大报告强调，要推动"绿色、循环、低碳发展迈出坚实步伐"[1]。循环价值观念旨在引导人们运用更为系统、全面、生态化的视角，综合考量经济发展和环境保护的关系问题，根据物质和力量在自然和社会间流动和转换的基本规律，在深刻认识自然资源的利用和废物的产生等一系列重要问题的基础上，不断求索以循环为关键指向的解决之道。这一求索过程历经了从"'排放废物'到'净化废物'再到'利用废物'"[2]的发展进程，有助于开拓以绿色为底色的高质量发展方式，为真正实现人与自然和谐共生创造了诸多积极因素。面对传统经济在消费资源、排放污染的线性流程中展现的高投入、高能耗、高排放的特征，以及以加重环境符合换取经济增长的发展逻辑，循环价值观念与重视资源节约和环境保护的循环经济紧密相连，强调资源的低投入与高利用，废弃物的低排放甚至零排放。这一发展主张具体展现为"在生产活动之初尽可能少地投入自然资源，生产活动之中尽可能少地消耗自然资源，生产活动之末尽可能少地排放生产废弃物"[3]。循环价值观念为解决环境污染和资源短缺这两大可持续发展障碍提供了重要思路。循环价值观念倡导政府、企业、社会组织和公众在生产生活全过程中一道重视经济效益、社会效益和环境效益的统一，合力促使自然资源和物质材料得

---

① 习近平. 高举中国特色社会主义伟大旗帜 为全面建设社会主义现代化国家而团结奋斗：中国共产党第二十次全国代表大会上的讲话［M］. 北京：人民出版社，2022：11.

② 徐云. 循环经济国际趋势与中国实践［M］. 北京：人民出版社，2005：120.

③ 徐云. 循环经济国际趋势与中国实践［M］. 北京：人民出版社，2005：125.

以充分的循环，有效提高环境资源的配置效率，最终达到物尽其用、生态和谐的良好境界。

环保优先的循环价值理念，促进人与自然和谐共生的绿色发展的实现。循环价值理念强调在物质生产和商品消费的过程中将环境保护放置在首要位置，通过循环利用资源的方式，实现对资源消耗数量和环境消极影响的最小化。在2014年4月修订的《中华人民共和国环境保护法》中，环境保护优先原则被明确规定为环境法的基本原则之一。《中华人民共和国环境保护法》强调"保护环境是国家的基本国策"，提出"国家采取有利于节约和循环利用资源、保护和改善环境促进人与自然和谐的经济、技术政策和措施使经济社会发展与环境保护相协调"，并规定了"环境保护坚持保护优先、预防为主综合治理、公众参与、损害担责的原则"。立足和谐生态的高度，深刻理解环境的重要性。环境是人类赖以存续的不可或缺的基础条件和重要内容，结合环境在遭受破坏后难以恢复甚至无法恢复的客观事实，再次有力地论证了环境保护的优先地位。当社会的生态效益和经济效益或者其他效益发生冲突时，将生态利益放置在优先位置，满足生态安全的现实需要。政府应当在坚持环保优先的循环价值理念的基础上，统筹生态环境保护和经济社会发展，确保党中央关于环境保护的决策部署落地见效，发挥对企业、社会组织和公众的引领作用。企业明确自身既是环境的受益者，又是污染治理主体的角色定位，将环保优先的循环价值理念融入生产经营的全过程，以期推动环境保护事业的发展。社会组织，特别是环保社会组织，坚持贯彻保护生态环境的宗旨，既发挥自身对企业的监督作用，又采取灵活形式向公众宣传环境保护知识，倡导公众形成循环健康的生活方式。公众应积极参与环境保护事业，履行环境保护的重要义务。

系统为要的循环价值理念，促进人与自然和谐共生的绿色发展的实现。循环价值观念注重系统，它强调在整个生态系统中实现自然资源的有效循环。相较于传统经济利用资源的高投入、废弃物的高排放和环境的高污染来获取经济的高增长，循环价值理念倡导在节约资源和再利用资源的实践基础上，运用循环生产办法和绿色生产技术，实现资源的低投入、低排放、低污染和高利用，促进积极的健康增长。循环价值理念以系统为要点，注重系统观念，将人类经济活动对自然环境的消极影响最小化，旨在推动人与自然和谐共生的实现。系统为要的循环价值理念，既重视生态系统的整体健康和功能效用，强调资源利用、水源保护、土壤保持等重要内容，强调维护整个生态系统的平衡发展；又注重政府、企业、社会组织和公众等促进人与自然和谐共生的绿色发展主体间的相互配合。政府发挥自身的主导作用，自觉充当系统为要的循环发展主导者，制定有助于生态系统循环运作的政策，自觉投身推动自然循环运作的环境保护事业，引导企业、社会组织和公众积极参与循环价值观念的具体实践。企业在政府所出台的政策引导下，积极推进循环生产办法顺利落实到生产经营的全过程，维护资源循环、水源安全、土壤安全等共同构成的生态系统，助推系统为要的循环价值理念实现真切落地。社会组织，特别是环保社会组织，向公众宣传以系统促进循环为主题的环境教育，促使系统为要的循环价值理念融入公众的思想观念。公众在充分了解系统为要的循环价值理念的基础上，将其外化于推动生态系统健康发展的实际行动。

第三节　动力机制：开拓绿色经济增长点突破发展瓶颈

开拓绿色经济增长点突破发展瓶颈是促进人与自然和谐共生的绿色发展的动力机制。党的二十大报告强调："加快发展方式绿色转型。推动经济社会发展绿色化、低碳化是实现高质量发展的关键环节。"① 创新绿色经济利益协调机制、推进绿色科技研发激励机制、加强绿色价值观引领机制，从利益协调、研发激励、价值观引领等方面为开拓绿色经济增长点提供机制保障。

一、创新绿色经济利益协调机制

创新绿色经济利益协调机制，有助于开拓绿色经济增长点，突破生态发展瓶颈，促进人与自然和谐共生的绿色发展的实现。生态环境问题是一个全球性的共同问题，它威胁着世界人民健康生活的基础条件。习近平总书记明确指出："绿色循环低碳发展，是当今时代科技革命和产业变革的方向，是最有前途的发展领域，我国在这方面的潜力相当大，可以形成很

---

① 习近平. 高举中国特色社会主义伟大旗帜 为全面建设社会主义现代化国家而团结奋斗：在中国共产党第二十次全国代表大会上的报告 [M]. 北京：人民出版社，2022：50.

多新的经济增长点。"① 在当前时代背景下，"世界各国从行政、法律、技术等多种手段出发，通过经济结构升级与发展方式转型，确保经济发展的质量及可持续性；其中最为主要的，即是将生态成本纳入成本核算体系当中，使低碳价值成为除传统成本、服务、技术等生产要素外新的制约因素，从而在更为根本的层面形成推动人与自然和谐发展的支持力量。"② 在世界各国共同谋求以经济促进生态发展的趋势下，围绕绿色经济构建利益协调机制具有重要价值意义。绿色利益协调机制，即促进经济增长与环境可持续性之间的协调发展，确保绿色经济的相关各方利益得到平衡和谐而建立的一系列政策、制度和实践。

加强信息交互机制与利益补偿机制。绿色经济利益协调需要建立有效的信息交互机制和利益补偿机制，以促使各方更好地理解和参与绿色经济发展。党的二十大报告指出："加快推动产业结构、能源结构、交通运输结构等调整优化。实施全面节约战略，推进各类资源节约集约利用，加快构建废弃物循环利用体系。完善支持绿色发展的财税、金融、投资、价格政策和标准体系发展绿色低碳产业，健全资源环境要素市场化配置体系"③。建立全面的绿色经济信息平台，集成环境、社会、经济等方面的数据，为政府、企业和公众提供全面的信息支持；引入公众参与机制，通过公民论坛、公开听证会等形式，让社会各界更直接地参与决策，分享信息和反馈意见；推动绿色经济教育，提高公众和从业人员对绿色经济的认知水平，促使更多人了解其带来的益处；定期召开绿色经济利益相关方会议，汇集政府、企业、环保社会组织等各方代表，共同研究和讨论发展策略、政策调整等事宜；加强国际合作，促进绿色经济领域的信息共享，借鉴其他国家和地区的成功经验。

完善评价激励机制与行为约束机制。绿色经济利益协调需要建立有效的评价激励机制与行为约束机制。制定绿色经济绩效考核体系，对符合环保和可持续标准的企业、政府机构和个人给予奖励，如财政激励、荣誉奖项等；银行和金融机构通过设立专门的绿色信贷产品，为绿色企业提供更

---

① 习近平. 习近平谈治国理政：第二卷 [M]. 北京：外文出版社，2017：198.

② 任颖. 新兴法益的基石：生态法益的理论证成与治理路径研究 [M]. 北京：人民出版社，2020：177.

③ 习近平. 高举中国特色社会主义伟大旗帜 为全面建设社会主义现代化国家而团结奋斗：在中国共产党第二十次全国代表大会上的报告 [M]. 北京：人民出版社，2022：50.

为优惠的融资条件，激励其参与绿色经济；实行环境税收，对采取环保措施的企业给予税收减免，鼓励其减少排放和资源浪费；强调企业社会责任，制定相关法规对企业进行监管，要求其在经济活动中充分考虑环保和社会责任；加强和保障公众和环保组织提起环境诉讼的权利，通过司法手段来约束违反环保法规的行为；设立绿色创新奖励，对在环保技术、清洁能源等方面取得突出成就的企业和个人给予奖励；引入生态效益评估机制，通过评估企业和项目对生态环境的正面贡献，为其提供相应的经济和政策激励；设立环境排放权限制，对企业排放的废气、废水等进行控制，通过环保配额的约束来促使企业降低排放；强制性要求企业披露环境风险信息，通过信息透明度约束企业的环保行为，降低不良环境影响的可能性。这些评价激励机制和行为约束机制共同作用，致力于引导各方更加积极地参与绿色经济转型，推动绿色经济发展。

二、推进绿色科技研发激励机制

绿色科技研发激励机制通过设置相应措施和政策，激发企业、研究机构和个人在绿色科技领域进行创新和研发工作。党的二十大报告指出："加快节能降碳先进技术研发和推广应用，倡导绿色消费，推动形成绿色低碳的生产方式和生活方式"①。以促进绿色科技研发为导向的激励机制，旨在提供经济、技术和政策上的支持，以推动绿色技术的发展和应用。设置这些激励机制的目标是降低绿色科技研发的风险，提高投入回报率，从而促进更多的研究和创新在绿色科技领域取得突破性成果。绿色科技研发激励机制包括资源分配机制与科研评价机制和培养发展机制与物质保障机制。

优化资源分配机制与科研评价机制。资源分配机制和科研评价机制对于推动环保技术创新和可持续发展至关重要。政府应设立专项资金支持绿色科技研发项目，通过科技计划、创新基金等方式提供财政支持，鼓励科学家和企业在环保领域进行创新研究；鼓励产业与研究机构、高校建立紧密的合作关系，促进科研成果更好地转化为实际应用，提高研究的实用性；举办绿色科技创新竞赛，设立奖金和荣誉，激发科研人员和团队的创新热情，推动绿色科技的突破；建设和支持绿色创新基地，提供先进的研

① 习近平. 高举中国特色社会主义伟大旗帜 为全面建设社会主义现代化国家而团结奋斗：在中国共产党第二十次全国代表大会上的报告［M］. 北京：人民出版社，2022：50.

发设施和资源，吸引科研团队和企业在这些基地进行绿色科技研发；建立科研人员和机构的绿色科技绩效评估体系，综合考虑科研成果、转化能力、社会影响等因素，制定评价指标体系；对于发表在有关绿色科技领域的高水平期刊和取得专利的研究，给予较高的科研绩效评价，鼓励科研人员在绿色领域进行深入研究；引入社会效益评价机制，考量科研成果对环保和社会可持续发展的实际贡献，推动科研成果更好地服务社会；评价科研机构和团队的技术转化能力，包括专利转让、技术转化项目的孵化和推动力度等，以确保绿色科技研发成果的实际应用；设立成果转化奖励机制，对成功将研究成果商业化、产业化的团队和科研人员给予奖励，鼓励成果更好地服务市场和产业。

强化培养发展机制与物质保障机制。绿色技术研发激励制度必须紧扣"人"的中心力量。在培养和发展绿色科技研发人才的过程中，需要考虑培养发展机制和物质保障机制，以激励科研人员投身于环保领域的创新工作。鼓励绿色科技研发人员进行学科交叉培养，促使工程、环境科学、计算机科学等不同领域的专业人才参与绿色科技创新；建立健全导师制度，导师激励学生参与实际绿色科技研发项目，将理论知识与实际应用相结合；支持组建绿色科技研发创新团队，提供协同合作的平台，鼓励多学科、多领域的专业人才共同从事环保技术创新研究；鼓励绿色科技研发人员参与国际学术交流与合作，获取国际前沿科技信息，提升全球竞争力；提供科研项目管理培训，帮助科研人员更好地组织和管理绿色科技研发项目；提供参加国际、国内学术会议和研讨会的支持，增加科研人员的学术交流和学科合作机会；设立绿色科技研发人才薪酬激励机制，根据其科研业绩和项目成果给予相应奖金和薪酬调整；投入资金用于绿色科技实验设备和实验室建设，提供先进的实验条件，支持科研项目的开展；提供充足的科研项目经费支持，确保科研人员有足够的资源进行绿色科技研发工作；设立合理的专利和成果转化收益分配机制，鼓励绿色科技研发人员将研究成果成功转化为实际应用。

三、加强绿色价值观引领机制

绿色价值观引领机制采用相关机制，旨在推动多元主体在行为和决策中秉持绿色价值观，促进可持续发展和环保意识。这些机制致力于塑造社会的价值取向，引导人们在生活和工作中更注重环保、可持续和社会责任。立足开启"第二个一百年"奋斗目标建设的历史起点，党的二十大报告在论及全面建成社会主义现代化强国的总体战略安排时明确指出："到二〇三五年，我国发展的总体目标是经济实力、科技实力、综合国力大幅跃升……广泛形成绿色生产生活方式，碳排放达峰后稳中有降，生态环境根本好转，美丽中国目标基本实现……"①绿色价值观引领机制具体展现为鼓励智慧生产与适度消费机制，提升宣传教育和社会参与机制。这些机制共同作用，推动社会各界更加关注环保、可持续和社会责任的核心价值，促进全社会的可持续发展。

鼓励智慧生产与适度消费机制。绿色价值观在引领智慧生产和适度消费机制方面发挥关键作用，推动社会朝着更为环保、可持续的方向发展。引入绿色设计理念，促使产品在设计阶段考虑环境友好性，采用可再生材料、降低能耗、减少废弃物等；推动智能制造、物联网技术等先进技术在生产中的应用，对资源浪费进行实时把控；深化推动循环经济，通过产品回收再利用、再制造等手段，推动可持续发展；采用数字化技术监测生产过程，实时调整生产计划，减少过剩生产；应用智慧能源管理系统，通过数据分析和优化，提高能源利用效率；推行"生产者责任延伸"理念，鼓励生产商在产品寿命周期内负责产品的环保处理，减少对环境的负面影响；倡导共享经济模式，宣传适度消费理念，强调"质量优先、精选购物"的价值观，减少过度消费对环境的不良影响；着力开发智能消费决策工具，帮助消费者了解产品的环保指数、社会责任等重要信息，支持其做出更加可持续的购物决策。鼓励智慧生产和适度消费的机制，裨益于实现经济活动与环境的和谐发展，有助于引导社会迈向更加可持续的未来。

提升宣传教育和社会参与机制。提升绿色价值观引领的宣传教育和社会参与机制对于促进可持续发展至关重要。借助电视、报纸、广播、互联网等多种媒体资源，开展生动、形象的绿色宣传活动，向公众传递绿色理念；采用社交媒体平台进行社交分享、话题讨论等方式，构建覆盖面更广泛的绿色价值观传播网络；在学校和社区推动绿色教育项目，将绿色理念融入学科体系，培养学生对环保的认知和责任心；制作绿色科普手册、视频等，向公众宣传、介绍环保知识，提高公众对环境问题的认知水平；强化政府与公众的互动，通过问卷调查等方式，让公众更多地参与环保政策

---

① 习近平. 高举中国特色社会主义伟大旗帜 为全面建设社会主义现代化国家而团结奋斗：在中国共产党第二十次全国代表大会上的报告 [M]. 北京：人民出版社，2022：24-25.

的制定过程；发起绿色志愿者活动，组织公众参与环保行动，例如清理环境、植树造林等实践活动，在实际中培养公众的环保责任感；建立绿色倡议平台，鼓励公众提出关于环保、绿色生活的建议，共同推动绿色发展；支持公众参与科技监测，通过手机 App 等工具实时监测环境数据，积极参与环境监测和问题反馈；强调企业社会责任，引导企业参与社会环保活动，推动绿色生产和可持续经营。这些宣传教育和社会参与机制有助于人与自然和谐共生的绿色发展的多元主体形成广泛的绿色价值观，引领社会各界共同参与推动绿色发展的实践活动。

第四节　制度保障：建立健全绿色发展制度体系

人与自然和谐共生的绿色发展的贯彻落实，需要健全的绿色发展制度体系加以支撑。健全绿色经济发展制度、完善绿色产业制度、扩大绿色全球贸易制度共同为健全绿色发展制度体系创造了直接推动力量，为持续推动人与自然和谐共生的绿色发展的贯彻落实提供了制度保障。

一、健全绿色经济发展制度

优化绿色金融制度。健全人与自然和谐共生的绿色发展制度体系，应当首先健全绿色金融制度。绿色金融制度的持续优化，有助于通过各种手段和政策来加强金融体系对绿色、低碳和可持续发展的支持，推动资金流向环保和可持续项目。优化绿色金融制度指向：制定统一的绿色金融标准，明确绿色金融的范围和要求。同时，建立细分的分类标准，包括可再生能源、清洁技术、环境保护、低碳交通等，以更好地满足不同领域的融资需求；发展绿色债券市场，为环保和可持续发展项目提供融资渠道。建立透明的项目信息披露和审计机制，增加投资者信任；鼓励银行提供绿色贷款，并通过设定利率优惠、降低担保要求等方式激励企业采取环保措施；鼓励银行提供绿色贷款，并通过设定利率优惠、降低担保要求等方式激励企业采取环保措施；引入绿色风险管理机制，考虑环境和气候变化对资产和投资组合的潜在风险，推动金融机构更加重视绿色投资；开展绿色金融从业人员"碳金融"专题培训，提高金融从业人员的绿色金融专业素养，增加其对环保项目的了解和评估能力；积极引入金融科技手段，如区块链、大数据等，提高绿色金融的效率和透明度，降低融资成本；制定政策鼓励金融机构推出绿色金融产品，如绿色信托、绿色基金等，以满足投资者对环保项目的需求。

完善绿色产业制度。当前，发展绿色经济是全球可持续发展的经济发展总体趋势。其中，绿色产业为世界各国应对当前环境挑战、转变能源消费模式、实现资源可持续使用、推动经济模式现代化发展提供了重要发展方案。绿色产业制度，即基于推动环保、低碳和可持续发展的目的所制定的一系列法规、政策和规范，促进和规范绿色产业的发展。完善绿色产业制度意味着：设立绿色产业人才培训计划，确保有足够的专业人才支持绿色产业的发展；设置鼓励绿色技术创新、资源节约、环境友好的政策和法规，为绿色产业提供法律保障；制定绿色产业发展规划，明确未来绿色产业的方向、目标和发展路径，引导产业结构升级；实施资源和能源管理政策，推动产业实现资源高效利用、能源节约和低碳排放，减少环境负担；实施资源和能源管理政策，推动产业实现资源高效利用、能源节约和低碳排放，减少环境负担；实施碳交易市场，为企业提供经济激励，通过碳市场引导产业向低碳方向转型；建设绿色产业园区，提供完善的基础设施和服务，集聚绿色产业企业，形成良好的产业集聚效应；推动循环经济发展，制定政策支持企业采用循环利用、再生资源等绿色经济模式。通过建立完善的绿色产业制度，政府能够为绿色产业提供发展的有力支持，引导企业向可持续、环保的方向转变，实现经济增长和环境保护的双赢。

扩大绿色全球贸易制度。绿色全球贸易的扩大，需要采取多元化的措施，促进环保和可持续发展的产品和服务的国际贸易。扩大绿色全球贸易需要：制定和签署国际绿色贸易协定，以降低环保产品和服务的贸易壁垒，鼓励国际贸易中的绿色商品和技术流通；促进各国绿色标准和认证的互认，建立国际通用的绿色标志和认证体系，降低产品在国际市场上的准入门槛；实施对符合环保标准的产品和服务的关税减免政策，以鼓励更多国家生产和消费绿色产品；成立专门的绿色投资和贸易促进机构，提供信息、咨询和金融支持，引导企业参与绿色产业的国际贸易；加强国际合作，共同推动绿色科技的创新和应用，促进环保科技的跨国交流与合作；促进绿色技术的国际转让，帮助发展中国家更快速地采用环保技术和解决环保问题；鼓励各国政府在公共采购中优先选择绿色产品，推动绿色产业的国际竞争力；推动国际碳市场合作，使碳交易成为国际贸易的一部分，激励企业降低碳排放，推动低碳产品的全球流通；国际金融机构提供贷款和投资支持，鼓励和支持发展中国家的绿色产业。多元措施促进绿色产业的国际贸易，推动全球经济向更为环保、可持续的方向发展，同样有助于实现全球范围内的环境保护和可持续发展目标。

二、优化绿色政策支撑制度

促进绿色财税政策支持制度。绿色财税政策支持制度是指通过财政和税收手段，促进和支持绿色产业和可持续发展，实现经济发展与环境保护的协调发展。促进绿色财税政策支持制度意味着：鼓励并增加对绿色基础设施项目的投资，如可再生能源发电、能源储存、清洁交通等；设置专项基金，用于支持环保和绿色产业的创新、研发和示范项目；提供绿色企业和项目的优惠信贷，或实施贴息政策，降低其融资成本，推动绿色投资；提供对绿色产业和环保项目的税收减免或抵扣，降低企业的税收负担；对绿色科技和环保创新，提供税收减免或抵扣，鼓励企业进行技术研发和创新；对符合生态标准的产品给予减免或优惠税收，提高绿色产品的市场竞争力；对符合环保标准的产品和项目给予财政补贴，提高其市场份额，促进市场向绿色方向转变；设立和实施可再生能源配额制度，通过市场机制推动可再生能源的发展；实施碳税，对排放高的行业进行征税，激励减排和转向低碳生产；对能源密集型和高污染行业加征税收，促使企业转向更为节能和清洁的生产方式；制定资源税收政策，对资源开采行业进行征税，推动资源的合理利用和再循环经济的发展。

助推绿色消费政策支持制度。绿色消费政策支持制度，即政府采取一系列手段来引导和促进消费者选择环保、可持续、低碳的产品和服务。助推绿色消费政策支持制度需要：制定绿色产品的标识和认证标准，通过第三方认证机构对符合标准的产品进行认证。政府可以鼓励企业参与认证，并推动市场形成对绿色标识的认同；提倡企业提供产品的生命周期信息，包括生产、运输、使用和废弃等各个环节对环境的影响，帮助消费者做出更为明智的购物决策；提供购买绿色产品的贷款和信贷支持，降低绿色产品的购买门槛，鼓励绿色消费；政府采购环保和绿色产品，成为绿色消费的引领者，同时刺激市场对绿色产品的需求；加强对绿色消费的宣传和教育，提高公众对环保产品和可持续消费的认知水平，培养绿色消费习惯；完善绿色消费者权益保护制度，对虚假环保宣传和质量不达标的产品进行惩罚，确保消费者权益；设立绿色消费者奖励机制，对采取绿色生活方式的个人或家庭进行奖励或补贴。

细化绿色补偿政策支持制度。绿色补偿政策支持制度，即政府通过财政和法规手段，对在生态保护、环境修复、生态系统服务中发挥积极作用的主体进行奖励和补偿的政策体系。这有助于激励主体更积极地参与生态保护和可持续发展。细化绿色补偿政策支持制度要求：设立生态服务市场，向提供水源涵养、空气净化、碳汇等生态服务的主体给予一定的补偿；鼓励生态系统的修复工作，向进行生态修复和恢复工作的个人、企业或组织给予一定的奖励；基于政府拨款、企业捐赠、环保税收等资金来源，成立生态保护资金，用于支持和补偿生态系统服务提供者；推动建立生态抵押制度，鼓励企业在开发和利用土地时提供相应的生态抵押；与企业或社区签订生态补偿协议，明确相关责任和补偿措施，形成协同合作机制；针对城市绿化、湿地保护等公共生态事业，向具有卓越贡献的单位或个人给予奖励；奖励保护能源资源的单位或个人，鼓励其进一步采取措施保护能源与资源并提高利用效率。

三、拓深绿色生态保护制度

深化源头保护与持续检测制度。源头保护与持续检测制度有助于预防和及早发现环境问题，确保生态环境的持续健康。党的二十大报告明确指出："加强土壤污染源头防控，开展新污染物治理。提升环境基础设施建设水平，推进城乡人居环境整治。全面实行排污许可制，健全现代环境治理体系。严密防控环境风险，深入推进中央生态环境保护督察。"[①] 深化源头保护制度需要：建立环境影响评价制度，强制要求新项目和政策制定时进行全面的环境影响评价，确保在项目实施前就充分考虑环境保护和可持续发展；设置生态红线制度，制定并实施生态红线政策，明确禁止开发的生态重要区域，确保关键生态功能区域的源头得到有效保护；强化环境审查，对新项目展开全面审查，确保其对环境的潜在影响得到有效控制；制定并执行严格的排放标准，限制工业和生产活动中的排放，保护空气、水和土壤的质量；建立绿色供应链体系，要求企业在采购、生产和销售过程中遵循环保和可持续发展的原则。强化持续检测制度则指向：建立环境事

---

① 习近平. 高举中国特色社会主义伟大旗帜 为全面建设社会主义现代化国家而团结奋斗：在中国共产党第二十次全国代表大会上的报告 [M]. 北京：人民出版社，2022：51.

件预警机制，通过监测数据，提前警示可能发生的环境问题，以便采取紧急措施；不断引入大数据和人工智能技术等先进科学技术和遥感技术、无人机监测等先进科技手段，提高监测的精准度和效率，实现对环境变化的精准预测和快速响应；鼓励公众参与环境监测，设立环境举报渠道，激励公众对环境问题的及时报告。

完善损害赔偿与责任追究制度。健全的损害赔偿与责任追究制度不仅有助于保护环境、促进经济可持续发展，还能够为绿色事业提供坚强支持，推动社会朝着更加绿色、可持续的方向发展。完善损害赔偿制度要求：明确环境损害的赔偿责任主体，包括企业、个人和政府机构，明确各自的责任和赔偿标准；设立环境赔偿基金，用于赔偿因环境破坏或污染而受损的个人、企业和社区（该基金可以由行业主体缴纳，并作为环境责任的一部分）；推动责任主体购买环境责任保险，确保在面临环境事故时能够承担赔偿责任；鼓励社会组织和公众参与对环境违法行为的监督，提高环境违法行为的曝光率。完善责任追究制度要求：制定或完善环境责任法规，明确环境违法行为者在环境破坏或污染事件中的法律责任，并规定相应的处罚标准；建立责任主体追溯机制，能够确定环境责任的主体，包括企业的法定代表人、主管领导等；完善公益诉讼机制，赋予环保组织和公众对环境违法行为进行诉讼的权利，增加环境违法行为的曝光和追究；建立企业环境监测和报告制度，要求企业定期报告环境状况，便于监管部门及时发现问题。

推动环境治理与生态修复制度。推动环境治理与生态修复制度的建设是实现可持续发展和生态平衡的关键一环。党的二十大报告强调："深入推进环境污染防治。坚持精准治污、科学治污、依法治污，持续深入打好蓝天、碧水、净土保卫战。加强污染物协同控制，基本消除重污染天气。统筹水资源、水环境、水生态治理，推动重要江河湖库生态保护治理，基本消除城市黑臭水体。"[①] 推动环境治理制度要求：制定全面且清晰的环境治理法规和政策，明确政府、企业、社会组织和公众在环境治理中的责任和义务；制定和强制执行各行业的排放标准，建立明确的减排计划，推动工业、交通和其他关键领域的减排行动；建立全面的污染防治体系，开展针对大气污染、水污染和土壤污染等的整治活动，确保各个环节都得到有

---

① 习近平. 高举中国特色社会主义伟大旗帜 为全面建设社会主义现代化国家而团结奋斗：在中国共产党第二十次全国代表大会上的报告 [M]. 北京：人民出版社，2022：50-51.

效控制；加强环境执法，对环境违法行为进行严格处罚，确保法律的执行。推动生态修复制度需要：制定生态恢复规划，明确生态系统的重要区域和关键生态功能，确保对这些区域的保护和修复；加大生态修复技术的研发和应用，包括植物修复、微生物修复等，促进自然生态系统的自我修复能力；进行生态修复项目的评估，确保项目达到预期的生态效果，在更广泛的范围内推广成功案例；开展公众教育，宣传生态修复的重要性，培养公众的环保意识。

第五节　法治护航：以法治深入推进绿色发展

法治为实现人与自然和谐共生的绿色发展提供重要保障。习近平总书记在多个场合多次强调，保护生态环境必须依靠制度、依靠法治。习近平生态文明思想的核心要义亦是指向坚持用最严格制度最严密法治保护生态环境。其为促进以法治深入推进人与自然和谐共生的绿色发展，完善绿色立法、强化绿色执法和提升绿色司法共同指明了绿色法治发展的崭新动向。

一、完善绿色立法

注重法律法规全面性和动态调整机制是完善绿色立法的重要内容。我国生态法治建设历经四十余年的发展历程，实现了从缺乏专门法律跃升至世界上生态环境立法较为丰富的国家之一的华丽蝶变。新时代新征程完善绿色立法，应当从注重法规的全面性和动态调整机制进行着手。注重法律法规的全面性展现为确保绿色法律法规实现对水资源遭受污染、土壤资源遭受破坏、空气质量恶化等多方面环境问题的覆盖，并且考虑不同环境要素之间的影响作用，进而达到全面保护生态系统的重要目的；针对当前新兴的气候变化、生物多样性锐减等环境问题制定具有实效性的法律法规；有选择性地引入新兴的科学技术和适宜的创新元素，以增强绿色立法应对环境挑战的发展动力。注重法律法规的动态调整机制则表现为：基于环境状况的实际变化和科学技术的发展进步，在建立绿色法律法规定期评估和动态调整机制的同时，以现实需要为依据，及时进行法规的修订和调整，增强绿色法律法规的适应性和针对性。注重法律法规的全面性和动态调整机制为有效推进程序立法和跨部门协作、增强社会参与和国际对接奠定了坚实的前期基础。

推进程序立法和跨部门协作是完善绿色立法的关键环节。绿色立法是开展生态法治建设的重要基石，完善绿色立法为以法治深入推进绿色发展提供了坚实的法律依据。我国当前绿色发展进程中生态环境问题的妥善解决，是推动人与自然和谐共生的绿色发展的积极要素。完善绿色立法需要重视推进程序立法和跨部门协作。推进程序立法意味着改变我国以往环境立法重视实体法轻视程序法的倾向，坚持实体法制和程序法制的齐头并进，以详细明确且操作性强的程序法为生态环境实体法的作用发挥提供保障。推进跨部门协作，既要求不同的政府机构之间的协同合作，基于经济、文化等不同的工作领域为生态环境立法献策献计，共同参与完善绿色立法的实践活动；又蕴含将绿色发展的相关要求深度融入刑事法律、行政法律、民商法律等其他相关法律的修订之中，在刑法中重视设置生态犯罪的法律责任，《中华人民共和国民法典》各编确立和贯彻"绿色原则"，进而促使人与自然和谐共生的绿色发展真正融入国内法律体系之中。在注重法律法规的全面性和动态调整机制与推进程序立法和跨部门协作之后，增强社会参与和国际对接铸造了完善绿色立法的提升之道。

增强社会参与和国际对接是完善绿色立法的现实选择。面对当前我国绿色发展中的现实问题，特别是生态环境的立法理念与现实实践的脱节情况，亟须以增强社会参与和国际对接促进完善绿色立法。这一逻辑链条的逐步推进为以法治深入推进人与自然和谐共生的绿色发展创造了良好条件。在完善绿色立法的过程中，增强社会参与和国际对接有助于充分发挥社会的广泛作用与法规的国际接轨。增进社会参与绿色立法具体展现为：搭建国家级、省级等各级生态环境信息公开平台，将生态文明教育作为全社会的通识教育，建立政府、企业、社会组织和公众参与立法机制，畅通公开征求意见、立法听证会等利于公众参与绿色立法的有效渠道，倡导多元主体为绿色立法献策献计，推进完善绿色立法进程。增进国际对接则是强调增进绿色法规的国际合作，促使我国绿色立法与国际环保法规相接轨，推动我国绿色法规与国际标准和公约相适应，增添我国绿色立法的国际性意义，同时为我国积极参与国际生态环境保护标准和国际合作合约的制定与修订创造积极因素。注重法规的全面性和动态调整机制、推进程序立法和跨部门协作，增强社会参与和国际对接，在完善绿色立法过程中相互作用，共同推动以法治深入推进人与自然和谐共生的绿色发展。

二、强化绿色执法

优化执法程序和执法协同机制是强化绿色执法的基础内容。基于以法治深入推进人与自然和谐共生的绿色发展的整体目标，优化执法程序和执法协同机制是强化绿色执法的重要环节。执法程序指向执法过程中的程序正义，执法协同则旨在于引导不同的执法机构形成合力以促进执法落地。执法程序和执法协同的优化为绿色执法的有效性提供推动力。优化执法程序意味着，在制定和实施科学的执法标准的基础上，规范进行现场执法和处罚裁量，推进智慧办案系统的开发运用，重视开展理性执法、注重开展帮扶指导，促进公正透明的执法程序落地生效。优化执法协同机制则要求推动公安机关、检察机关、法院、工商机关等不同执法机关在面对环境污染违法行为时，相互配合、互为支持、共同商议，携手推进案件处置进程；同时针对跨区域的环境污染违法行为设置跨部门、跨区域的执法协调机构，调动涉案地区的执法机关齐心协力，共同整治跨区域的环境污染违法行为。优化执法程序和执法协同机制在强化绿色执法的实践过程中发挥着基础性作用，其能够为强化绿色执法的稳步发展提供良好效用。

提升执法人员素质和执法机构能力建设是强化绿色执法的重要环节。我国现有绿色法律规范呈现出相对充分的发展状况，但是绿色执法仍有较大的效力提升空间。绿色执法，不仅是践行生态环境高水平保护的坚实后盾，而且是最终实现人与自然和谐共生的绿色发展的有力武器。执法人员是强化绿色执法的坚强战士，执法机构则是强化绿色执法的坚强堡垒。提升执法人员素质和执法机构能力建设为强化绿色执法创造了坚实的物质基础。提高执法人员素质在实际生活中具体展现为：以常态化的理论培训或实战培训为抓手，邀请专业技术人员开展针对复杂环境科学和技术内容的专业讲座，促进执法人员加强对生态环境法规的理解程度和对新兴环境问题的应对能力，推动执法人员练就过硬的履职本领和业务能力。提高执法机构能力建设，既要求执法机构具备充实的人力资源、物力资源和财力资源，夯实其履行监管职责和执法职责的基础保障；又要求执法机构适应数字化时代的发展要求，及时引入国际国内先进的生态安全监测技术和执法装备，提高对破坏环境的违法行为的精准锁定能力。提升执法人员素质和执法机构能力建设是强化绿色执法的关键内容，为强化绿色执法的向前推进增添了积极要素。

推动社会参与和国际合作是强化绿色执法的重要内容。绿色执法工作是实现生态环境保护的"利器"，是实现绿色发展的基础性工作。伴随着中国特色社会主义生态文明建设的逐步推进，强化绿色执法，打造绿色安全防线的重要性日渐彰显。推动社会参与能够增强绿色执法的有效性，加强国际合作能够提高绿色执法的效用发挥。社会参与和国际合作是强化绿色执法的重要着力点。推动社会参与展现为：在现有的环保举报制度的基础上，开展全民环境保护教育，拓展社会组织和公众举报环境污染违法违规行为的信息收集平台，激励环保社会组织和公众对任何单位和个人进行生态安全的监督和破坏生态安全行为的举报。推动国际合作，既表现为我国执法机关围绕跨境环境问题，与国际执法机构和国际组织进行共商共议、协同合作，推动跨境环境问题的有序解决；又展现为我国积极参与国际环保公约的制定过程，针对全球性环境执法标准进行共同商定、同步执行。优化执法程序和执法协同机制、提升执法人员素质和执法机构能力建设以及推动社会参与和国际合作共同推动了绿色执法的逐步强化，共同助力以法治深入推进人与自然和谐共生的绿色发展。

三、提升绿色司法

塑造环境法治快速审理机制和环境损害赔偿机制是强化绿色执法的关键内容。加强涉生态环境保护的司法力量建设。在绿色法治中，司法不可或缺，极为重要。司法机关运用司法手段维护国家生态安全，依法审理生态环境违法行为案件，公正实施对违法责任主体的制裁或惩罚，推动人与自然和谐共生的绿色发展。塑造环境法治快速审理机制，既展现为执法机构针对生态环境违法行为案件，不断完善"立案、审判、执行"绿色通道，持续探索更具效率的方式方法，致力于一次性帮助生态权益受损主体维护合法权益；又展现为提高司法机关对紧急环境案件的处理速度，提高生态环境违法行为案件办案效率，着力于减小生态环境遭受破坏的程度。塑造环境损赔偿机制，一方面要求司法机关完善强有力的环境损害赔偿机制，增强违法行为的震慑力，促使违法责任主体承担破坏环境的经济责任；另一方面要求司法机关坚持恢复性司法理念，贯彻落实以生态环境修复为中心的环境损害救济制度，立足不同环境要素的修复需求，探索"补植复绿""劳务代偿""限期恢复"等多种责任形式，通过司法手段促进受损生态环境有效恢复。塑造环境法治快速审理机制和环境损害赔偿机制为提升绿色司法打造了有力的机制支撑。

加强司法人员培训和司法资源投入是提升绿色司法的题中之义。提升绿色司法是发展绿色事业行之有效的实践途径，它服务于党和国家事业发展的迫切需要，更是促进区域协同发展，维护人民公正和满足人民需求的关键措施。司法人员是推动绿色司法发展的核心力量，司法资源是保障绿色司法发展的物质基础。加强司法人员培训和司法资源投入促进绿色司法的稳步提升。加强司法人员培训意味着：以常态化制度化的环境法律培训，邀请生态环境领域专业人士针对绿色法治的最新动向进行详细讲解，推动司法人员了解最新环保法规和绿色科技进展，提高司法人员对新兴复杂环境问题的解决能力，增强法官的知识储备与办案水平。加强司法资源投入显示为：在确保生态环境法庭配备充足司法人员和技术专家的基础上，着力提高法庭的数字化水平，打造高效便民的司法平台，增强"法护生态"的实际效用，促使绿色司法的透明度、专业化和高效率不断得以提升。加强司法人员培训和司法资源投入，直接指向绿色司法的专门化水准，强调人力资源和物力资源的双向提升，其是推动构建绿色司法屏障的有效路径。

强化社会参与和国际合作是提升绿色司法的必经之路。绿色司法依法保障人民群众不断增长的美好生态环境需要，以司法手段维护绿色生态，以绿色之美驱动发展之基。绿色司法与人民群众的生态环境权益紧密相连，以司法裁判回应人民关切，促进人民群众在健康、舒适、优美的生态环境中生存、生活和发展，其为提升绿色司法的必经之路，强化社会参与和国际合作促进绿色司法的有效性。强化社会参与展现为：健全绿色司法公众参与机制，畅通绿色司法服务渠道，定期开展环境保护普法宣传活动，增强公众对环境保护法律法规和环境保护知识的掌握能力，鼓励社会组织和公众举报违法行为和提起环境诉讼，提升社会组织和公众参与绿色司法的实效性。强化国际合作则表现为：搭建国际绿色司法交流平台，畅通国际绿色司法交流渠道，积极学习国际绿色司法发展的经验，为国际绿色司法的整体性发展提供典型案例，开辟绿色司法走向世界舞台的重要窗口。塑造环境法治快速审理机制和环境损害赔偿机制、加强司法人员培训和司法资源投入以及强化社会参与和国际合作，共同助力与绿色司法的发展，形成以法治深入推进绿色发展的坚强力量。

第八章 人与自然和谐共生的绿色发展价值意蕴

　　坚持马克思主义的基本立场，对绿色发展理论所具有的理论价值、实践价值和世界价值进行客观全面的归纳。从理论价值的角度看，人与自然和谐共生的绿色发展丰富了马克思主义人与自然关系思想，拓展了中国共产党人的绿色发展理念，同时是对新时代生态文明话语体系的优化。从实践价值的角度看，该理论有助于推动新时代生态文明建设、促进美丽中国建设纵深化发展、契合中国式现代化人民至上价值立场。绿色发展理念同时具有突出的世界性价值。首先，它的直接贡献在于为推进人类社会可持续发展提供中国方案。其次，绿色发展要求各国同舟共济，共同挽救世界性生态危机，为各国交流合作提供窗口平台。最后，实现绿色发展将助推共同构建人类命运共同体。

第一节　人与自然和谐共生的绿色发展的理论价值

　　人与自然和谐共生的绿色发展价值意蕴首先表现为理论价值。人与自然和谐共生的绿色发展理论价值，主要体现对马克思主义人与自然关系思想、中国共产党人的绿色发展理念、新时代生态文明话语体系等论域的推进。

一、丰富马克思主义人与自然关系思想

　　人与自然和谐共生的绿色发展的理论价值首先表现为对马克思主义人与自然关系思想的丰富。人与自然和谐共生的绿色发展以马克思主义人与自然关系思想为自身发展的理论基础。马克思、恩格斯对以往人类中心论

和自然中心论所探讨的人与自然"何者为贵"的抽象思辨进行扬弃，他们创造性地从人与自然相互作用、相互影响的思路来阐发人与自然的关系理论。其一，马克思主义在人与自然"谁是主宰"的问题上明确指出，人是自然界的一部分，而非自然界的主宰。马克思提出："人靠自然界生活"①。马克思论述人为了生存而必须与自然界进行持续的交互作用，强调人的肉体和精神都同自然界相互联系，鲜明地提出了"人是自然界的一部分"的重要观点。其二，马克思主义认为，相比于简单适应自然界，人能够通过实践对自然进行有意识的改造。对此，马克思具体谈到"动物的生产是片面的，而人的生产是全面的""动物只生产自身，而人再生产整个自然界""动物只是按照它所属的那个种的尺度和需要来建造，而人却懂得按照任何一个种的尺度来进行生产，并且懂得怎样处处都把内在的尺度运用到对象上，因此，人也按照美的规律来建造"②。其三，马克思主义提出"人与自然要和谐相处"的核心观点。恩格斯从反面警示道："我们不要过分陶醉于我们人类对自然界的胜利。对于每一次这样的胜利，自然界都对我们进行了报复。"③ 以遵循自然规律为前提，人类与自然才有可能达成和谐共生。

人与自然和谐共生的绿色发展是对马克思主义人与自然关系思想的新认识。人与自然和谐共生的绿色发展既充分吸纳了马克思关于人与自然是一个不可分割的有机整体的重要观点，又完整汲取了恩格斯在《自然辩证法》中所提出倡导人与自然和谐相处、警惕因人与自然关系异化而导致灾难的鲜明理念。习近平总书记指出："自然是生命之母，人与自然是生命共同体，人类必须敬畏自然、尊重自然、顺应自然、保护自然。"④ 这一重要论述深刻展现了人与自然和谐共生的绿色发展强调对自然保持敬畏、尊重、顺应与保护的科学态度的同时，又生动阐述了人与自然的整体性以及生态系统各要素间的普遍联系性的明确观点。相较于西方"人类中心主

---

① 中共中央马克思恩格斯列宁斯大林著作编译局. 马克思恩格斯选集：第一卷 [M]. 3 版. 北京：人民出版社，2012：55.

② 中共中央马克思恩格斯列宁斯大林著作编译局. 马克思恩格斯选集：第一卷 [M]. 3 版. 北京：人民出版社，2012：57.

③ 中共中央马克思恩格斯列宁斯大林著作编译局. 马克思恩格斯文集：第九卷 [M]. 北京：人民出版社，2009：559-560.

④ 中共中央宣传部. 习近平新时代中国特色社会主义思想学习纲要 [M]. 北京：学习出版社，人民出版社，2019：167.

义""生态中心主义"等将人与自然割裂的思维方式，人与自然和谐共生的绿色发展在继承马克思主义人与自然关系思想的同时，深刻揭示了人的价值与生态价值的内在关联性，并且立足人与自然辩证互动的角度，创新性地将人与自然的关系拔升到共生共存共荣的战略高度。因此，人与自然和谐共生的绿色发展蕴含重视人与自然辩证互动、强调共生共存的关系的重要意蕴，此内涵亦是对西方"人类中心主义""生态中心主义"等对人与自然关系孤立狭隘思维方式的再度超越。

人与自然和谐共生的绿色发展为马克思主义人与自然关系思想增添了中华优秀传统生态文化这一重要养分。中华优秀传统文化是中华文明赓续不绝的思想宝库，其中蕴藏着解决人类所面临的当代难题的重要启示。庄子在《齐物论》中深刻指出："天地与我并生，而万物与我为一"①，表明了其认为人与自然紧密联系，天地万物与人共存的重要观点。荀子在《天论》中"万物各得其和以生，各得其养以成"②的经典论述展现了万物共存于大自然的共同体之中，人类生存与大自然以及万物生长的相互依赖关系。中华优秀传统生态文化所内蕴的天人合一、道法自然的朴素理念，为人与自然和谐共生的绿色发展提供了重要的思想养分。回顾西方发达国家的现代化进程，它们普遍呈现为"先污染后治理"的发展道路。人与自然和谐共生的绿色发展是在深刻总结西方现代化进程经验教训的基础上，以人民至上为根本立场，积极融汇中华优秀传统生态文化倡导建立人与自然和谐关系的重要观念，科学把握我国生态文明建设和环境治理的重要特征与一般规律，强调"站在人与自然和谐共生的高度来谋划经济社会发展"③，有助于探索人与自然和谐共生的现代化新道路。

二、拓展中国共产党人的绿色发展理念

拓展中国共产党人的绿色发展理念是人与自然和谐共生的绿色发展的重要理论价值。人与自然和谐共生的绿色发展是在中国共产党人的摸索探寻绿色发展中逐步形成的。人与自然和谐共生的绿色发展是对新中国成立初期以经济增长为导向的非均衡发展观的超越。在新中国成立初期，我国

---

① 庄子. 图解庄子 [M]. 崇贤书院，释译. 合肥：黄山书社，2019：22.
② 郭勇. 中国哲学史 [M]. 北京：商务印书馆，2021：149.
③ 习近平. 论把握新发展阶段、贯彻新发展理念、构建新发展格局 [M]. 北京：中央文献出版社，2021：348.

面临着国内经济基础薄弱、国际局势动荡难安的双重压力。经济发展，特别是重工业的发展，成了保障国家安全和维护社会稳定的重要支柱。基于尽快提高生产力、实现"赶超式"发展的重要愿望，我国以苏联优先发展工业的思路为借鉴，将征服自然、片面开发作为发展的主路线。尽管这些举措在特定时期对实现我国经济复苏作用显著，但是工业领域的不计成本大炼钢铁和农业领域的毁林填湖开荒种粮共同导致了集中性的生态污染和破坏。同时，中国共产党人以实际状况为出发点，逐步形成关注环境的重要意识，从理论和实践两方面对环境保护展开有益探索。在新中国成立之初，因战争而受到破坏的生态环境亟须维护，"植树造林、绿化祖国"这一任务的重要性与迫切性益发凸显。在党中央"植树造林、绿化祖国"的号召下，我国绿化面积和森林资源得到有效发展，而面对"大跃进"所造成的环境破坏，"大地园林化"逐渐兴起，为改善我国环境面貌提供了明确指导。新中国成立初期，以经济增长为导向的非均衡发展观具有明显的不平衡性，人与自然和谐共生的绿色发展对此不平衡性进行了修正。

人与自然和谐共生的绿色发展是对经济发展与资源保护统筹协调的可持续发展观的升级。在"人类中心主义"的思想影响下，各国倾向于选择以高能耗和高污染为代价的发展道路。这一发展道路呈现出粗放式的特点，导致了生态危机在全球范围内的频频发生，致使人类的生存发展遭受自然环境和自然资源的牵制。为摆脱发展受环境和资源束缚的局面，各国开始探索更为科学环保的发展道路，追求可持续发展逐步成为世界范围内的现实活动。1972 年召开的"人类与环境会议"首次提出"可持续的发展观"，其审核通过的《人类环境宣言》确立了人类思索探寻环境和发展问题的奠基石。1987 年，联合国世界与环境发展委员会所发布的报告《我们共同的未来》，较为系统地提出"可持续发展"战略。1992 年，联合国环境与发展大会助推可持续发展由理论迈步实践。与此同时，党中央再次审视人与自然的关系，强调人与自然的和谐发展，重视协调经济发展与资源环境保护。因此，"可持续发展"成为我国的重要战略选择。"可持续发展，就是既要考虑当前发展的需要，又要考虑未来发展的需要，不要以牺牲后代人的利益为代价来满足当代人的利益。"[①] 伴随着经济增长和综合国力提升，中国共产党对经济发展与资源保护统筹协调的可持续发展观在以

---

① 江泽民. 江泽民文选：第一卷 [M]. 北京：人民出版社，2006：518.

经济增长为导向的非均衡发展观的基础上，充分认识到经济发展应当与资源保护齐头并进。经济发展与资源保护统筹协调的可持续发展观体现了中国共产党人在人与自然关系问题上的思考新高度，拔升了资源环境保护的重要性，为新时代背景下人与自然和谐共生的绿色发展观的形成提供了合理的参考价值。

人与自然和谐共生的绿色发展是新时代中国共产党人绿色发展理念的综合呈现。改革开放的不断深入促使我国迈向繁荣富强，经济实力、科技实力、国防实力、综合国力大幅跃升，中国特色社会主义迈步新时代这一发展新历史方位。在此背景下涌现的生态环境问题，既是影响我国经济持续健康发展的消极因素，又是威胁人民群众生命健康的重要隐患。面对这一亟须解决的重要问题，党中央将生态环境保护的重视程度提升到前所未有的高度。党的十八大将生态文明建设纳入"五位一体"总体布局；党的十九大将"坚持人与自然和谐共生"作为国家建设的基本方略；党的十九届五中全会将"推动绿色发展，促进人与自然和谐共生"设置为国家发展的远景目标；党的二十大报告明确指出人与自然和谐共生是现代化的本质要求，强调站在人与自然和谐共生的高度谋划发展。党中央在对人与自然关系问题的逐步深入基础上，充分认识到人与自然和谐共生是人与自然的相处之道，进而逐步确立了人与自然和谐共生的绿色发展观。在理论探索和实践推进的并驾齐驱下，生态文明制度的"四梁八柱"逐步确立，人与自然和谐共生的绿色发展观成为新时代中国共产党人的绿色发展理念。人与自然和谐共生的绿色发展观与中国特色社会主义新时代的发展诉求相契合，与人民群众的生命健康需求相贴切，其具有鲜明的人文导向和深切的生态关怀。

三、优化新时代生态文明话语体系

人与自然和谐共生的绿色发展对新时代生态文明话语体系具有优化提升的理论价值。人与自然和谐共生的绿色发展具有普适性与开放性并重的话语特征。一方面，人与自然和谐共生的绿色发展具有普适性的话语特征。人与自然和谐共生的绿色发展这一生态话语关涉自然生态话语，它表现为关注人与自然两者间的和谐关系，坚持人与自然生命共同体；人与自然和谐共生的绿色发展这一生态话语关涉社会生态话语，它呈现为从全人类共同价值的角度达成共识，主张在追求本国发展的过程中推动他国发展，在实现本国利益的过程中兼顾他国利益，致力于整体性增加世界人民的长远利益，坚持人类命运共同体。人与自然和谐共生的绿色发展这一生态话语，不仅贴切我国开展生态文明建设的实践要求，而且能够为他国开展生态文明建设提供合理参照。另一方面，人与自然和谐共生的绿色发展具有开放性的话语特征。党的十八大明确提出构建"人类命运共同体"的全球倡导，并身体力行地作为推动全球生态文明建设的榜样示范。基于互相尊重以求共同发展的重要前提，我国在全球范围内主动吸取有益于我国生态文明建设的积极经验，将他国开展生态文明建设的经验转变为我国开展生态文明建设的重要参考。人与自然和谐共生的绿色发展所具有的普适性与开放性并重的话语特征，具有倡导我国在生态文明建设领域加强与他国的交流互鉴的积极意义，将有力推动新时代生态文明话语体系的优化。

人与自然和谐共生的绿色发展具有理论性与实践性并重的话语特征。一方面，人与自然和谐共生的绿色发展具有鲜明的理论性话语特征。人与自然和谐共生的绿色发展具有以马克思主义为指导，基于马克思主义人与自然关系思想的理论基础，遵循自然生态系统和社会生态系统的规律与机制，形成对人与自然及社会之间的辩证统一关系的科学认识。人与自然和谐共生的绿色发展充分反映了马克思主义人与自然关系思想在中国特色社会主义新时代语境下的新发展。另一方面，人与自然和谐共生的绿色发展具有明确的实践性话语特征。人与自然和谐共生的绿色发展是理论与实践相结合的产物，它的生成和发展具有其特定的历史背景，同时反映了一定时期发展的特定要求。人与自然和谐共生的绿色发展来源于实践，并且在实践中得以检验和发展。人与自然和谐共生的绿色发展的理论性与实践性并重的话语特征，将引导新时代生态话语体系在自然生态层面阐明人与自然共生共存共荣的重要道路，消解人与自然的对立隔绝，有力促进人与自然的和谐共生；将引领引导新时代生态话语体系在社会生态层面揭示人类社会发展的客观规律，破除违逆客观规律的庸俗利己主义和狭隘个人主义，确立以实现全人类的整体利益和共同发展为先的重要价值取向。人与自然和谐共生的绿色发展所具有的理论性与实践性并重的话语特征，既为新时代生态文明话语体系增添了新鲜内容，又为新时代生态文明话语体系的优化提供了重要示范。

人与自然和谐共生的绿色发展具有整体性与局部性并重的话语特征。一方面，人与自然和谐共生的绿色发展具有整体性的话语特征。人与自然和谐共生的绿色发展将人、自然以及社会放置在同一语境中进行讨论和考量，其实质上构成了一个相对完整并有机结合的共同体。在这一语境前提下，人、自然以及社会存在着辩证统一的关系。只有人、自然以及社会等各要素协调有序，才能够发挥出这一系统的最大效用。另一方面，人与自然和谐共生的绿色发展具有局部性的话语特征。作为有机体内不同的构成要素，人、自然以及社会的变化将会影响系统效用的具体发挥。人、自然以及社会应在各司其职的基础上进行多向互动，为整个系统的良性运作创造积极因素。人与自然和谐共生的绿色发展整体性与局部性并重的话语特征，倡导新时代生态文明话语体系以联系性思维和辩证发展眼光看待这一共同体。其意味着，新时代生态文明话语体系摒弃"人类中心主义"狭隘观点的消极影响，正确认识人类仅是生态系统的单一要素，充分强调作为人类赖以生存的前提的自然对人类发展所具有的约束力，全面阐述国家间以及地域间的合作共赢。与此同时，新时代生态文明话语体系应当以辩证发展的眼光看待人、自然以及社会的关系，精准分析它们所具有的共生共存共荣的紧密联系，积极提倡经济发展与环境保护的齐头并进和互相支持。人与自然和谐共生的绿色发展所具有的整体性与局部性并重的话语特征，为优化新时代生态文明建设话语体系增添了辩证发展视角。

第二节　人与自然和谐共生的绿色发展的实践价值

人与自然和谐共生的绿色发展价值意蕴的重要呈现形式为实践价值。人与自然和谐共生的绿色发展理论价值，主要体现对新时代生态文明建设、美丽中国建设、中国式现代化等重要领域的促进作用。

一、推动新时代生态文明建设

人与自然和谐共生的绿色发展启迪妥善处理经济发展和生态保护的关系。习近平总书记提出："要正确处理好经济发展同生态环境保护的关系，牢固树立保护生态环境就是保护生产力、改善生态环境就是发展生产力的理念"[①]。人与自然和谐共生的绿色发展旨在实现人与自然居于和谐共生的

---

① 习近平. 论坚持人与自然和谐共生 [M]. 北京：中央文献出版社，2022：31.

状态下的绿色发展，具有妥善处理经济发展与生态保护的内在意蕴。回顾我国改革开放后的发展历程，我国在经济社会发展取得历史性成就的同时，由于快速发展所积累的大量生态环境问题亟须解决。生态环境问题牵涉众多领域，它具有较为广泛的影响力。生态环境问题不仅对经济社会发展造成消极影响，而且给人民群众身体健康带来潜在威胁。实践证明，经济发展和生态保护是辩证统一的。因此，我国深刻认识到"生态环境问题归根到底是经济发展方式问题"①。面对各类环境污染问题，人与自然和谐共生的绿色发展从根源着手，科学表达了妥善处理经济发展和生态保护关系的发展启示。正确处理经济发展和环境保护关系的原则应当"坚决摒弃损害甚至破坏生态环境的发展模式，坚决摒弃以牺牲生态环境换取一时一地经济增长的做法"②。人与自然和谐共生的绿色发展为妥善处理经济发展和生态保护的关系指明了方向，在启示经济发展和生态保护不是发展对立面的同时，积极倡导实现我国经济发展和生态保护的和谐同进。

　　人与自然和谐共生的绿色发展指引推进生产发展、生活富裕、生态良好的文明发展道路。党的二十大报告指出："坚定不移走生产发展、生活富裕、生态良好的文明发展道路，实现中华民族永续发展"③。生产发展、生活富裕、生态良好三者之间具有相互影响、相互作用、相辅相成的辩证统一关系。生产发展为社会发展奠定了良好的物质基础，生活富裕呈现了生产发展的积极效果，生态良好则是生产发展和生活富裕两者可持续发展程度的决定性因素。生产发展在文明发展道路中发挥着基础性作用，生活富裕擘画了文明发展的生活蓝图，生态良好揭示了文明发展所内蕴的人与自然和谐共生的应然主题。人与自然和谐共生的绿色发展具有对生产、生活、生态之间关系的正确认识，注重生产力、生活质量与生态环境的紧密联系，强调生态发展道路所具有的蓬勃生命力和发展可持续性。人与自然和谐共生的绿色发展与生产发展、生活富裕、生态良好的文明发展道路在发展导向、发展方式等方面具有内在契合性。人与自然和谐共生的绿色发展与生产发展、生活富裕、生态良好的文明发展道路都倡导实现人与自然和谐有序的发展前景，并且提倡在发展过程中坚持以绿色为底色的健康发

---

① 习近平. 论坚持人与自然和谐共生 [M]. 北京：中央文献出版社，2022：45.
② 习近平. 论坚持人与自然和谐共生 [M]. 北京：中央文献出版社，2022：168.
③ 习近平. 高举中国特色社会主义伟大旗帜 为全面建设社会主义现代化国家而团结奋斗：在中国共产党第二十次全国代表大会上的报告 [M]. 北京：人民出版社，2022：23.

展方式。以自身发展理念为导向，人与自然和谐共生的绿色发展将为推进生产发展、生活富裕、生态良好的文明发展道路提供重要的指引作用。

人与自然和谐共生的绿色发展彰显中国式生态文明建设新形态。尽管在新中国成立特别是改革开放以来，我国长期处在学习西方发展经验、追赶西方发展水平的道路上，但是我国在改革发展过程中对坚持推进生态文明建设的认识越发深刻，打造中国式生态文明建设新形态的愿景愈发生动。习近平总书记在广东考察时指出："要实现永续发展，必须抓好生态文明建设"①。面对生态环境遭受破坏、生态危机隐匿潜藏的状况，我国高度重视这一现实情况，郑重提出将生态文明建设放在突出位置的鲜明倡议。作为继原始文明、农耕文明和工业文明之后的文明形态，生态文明既意味着是人类文明发展的崭新阶段，又代表着人类文明形态发生历史性转变而呈现崭新形态。不同于原始文明、农耕文明和工业文明对生态环境的保护意识淡漠甚至是破坏行为频发，生态文明强调尊重自然、顺应自然、保护自然，注重开展生态环境的保护工作，致力于实现人与自然的和谐共生。在生态环境问题亟须解决的当前，我国开展生态文明建设展现了解决传统工业文明造成的生态环境问题、破解人类社会可持续发展危机的坚强决心，展现了构建中国式生态文明建设新形态的发展魄力。人与自然和谐共生的绿色发展从我国开展生态文明建设的实践历程中汲取养分，并以绿色发展为重要的发展方式、以人与自然和谐共生为未来发展蓝图，在彰显中国式生态文明建设新形态的同时，亦为其提供重要理念支撑。

二、促进美丽中国建设纵深化发展

人与自然和谐共生的绿色发展推动全民形成生态文明价值观念。美丽中国建设与人民群众的获得感、幸福感等方面息息相关、紧密相连，是全体人民的共同事业。理念是行动的重要向导，推动全民形成生态文明价值观念是全民参与环保事业行动自觉以及全民行动环境治理体系成型的重要思想前提。2015年，《中共中央国务院关于加快推进生态文明建设的意见》明确指出："积极培育生态文化、生态道德，使生态文明成为社会主流价值观，成为社会主义核心价值观的重要内容"②。该意见创造性地提出将生态文明纳入社会主流价值观，提倡将生态文明作为社会主义核心价值观体

---

① 习近平. 论坚持人与自然和谐共生 [M]. 北京：中央文献出版社，2022：23.
② 中共中央国务院关于加快推进生态文明建设的意见 [M]. 北京：人民出版社，2015：24.

系的重要组成部分，强调从价值观念层面把握和重视生态文明建设。基于生态整体性这一理念基础，生态文明价值观念综合呈现为倡导人与自然和谐共生，注重实现自身与社会主义核心价值观有机相融的全新价值观念。在生态文明价值观念与社会主义核心价值观的互动逻辑下，推动全民形成生态文明价值观念亦成为践行社会主义核心价值观的题中之义。与此同时，我国社会处于发展转型的关键时期，面临着国内国际环境给予的双重压力，在全社会范围内弘扬生态文明价值观念，推进全民形成生态文明价值观念具有必要性和紧迫性。人与自然和谐共生的绿色发展与生态文明价值观念紧密相连。人与自然和谐共生的绿色发展强调在注重坚持以绿色为底色的重要发展方式的过程中实现和谐共生的人与自然关系，为全民形成生态文明价值观念提供了理念印证。

人与自然和谐共生的绿色发展提升全民参与美丽中国建设行动自觉。美丽中国建设的全面推进，必须紧紧依靠全体人民，动员全体人民参与。习近平总书记明确强调：“生态文明是人民群众共同参与共同建设共同享有的事业，要把建设美丽中国转化为全体人民自觉行动。”[①] 每个人都与生态环境具有直接且紧密的联系，没有人是美丽中国建设重大事业的局外人。紧密联系人民群众、密切依靠人民群众是我国国家治理体系和治理能力中的显著优势。作为“主观见之于客观”的活动，实践意味着必须搭建理念与行动的重要桥梁。“要加强生态文明宣传教育，增强全民节约意识、环保意识、生态意识，营造爱护生态环境的良好风气。”[②] 在全民形成生态文明价值观念的基础上，人与自然和谐共生的绿色发展能够为开展生态文明宣传教育提供重要的精神养分与理论支撑，合力构建生态文明行为准则，引导人民群众增强参与美丽中国建设的行动自觉。人与自然和谐共生的绿色发展擘画了全体人民所向往的人与自然和谐共生的理想画卷，并指明了这一理想画卷的实现需要全体人民在坚持推进以绿色为底色的发展方式的过程中共同助力美丽中国建设。人与自然和谐共生的绿色发展，既蕴含着美丽中国建设营造人与自然和谐共生关系的本质需求，又具有引导全体人民共同参与美丽中国建设的积极倡议，共同裨益于提升全民参与美丽中国建设行动自觉。

人与自然和谐共生的绿色发展促进环境治理全民行动体系成型。人民

---

① 习近平. 习近平著作选读：第二卷［M］. 北京：人民出版社，2023：173.
② 习近平. 论坚持人与自然和谐共生［M］. 北京：中央文献出版社，2022：35.

群众是解决资本主义生态危机、建设社会主义生态文明，构建人与自然和谐共生关系的重要主题。美丽中国建设与全体人民群众息息相关，需要全体人民群众携手同行。2018 年，《中共中央国务院关于全面加强生态环境保护坚决打好污染防治攻坚战的意见》明确指出："坚持建设美丽中国全民行动。美丽中国是人民群众共同参与共同建设共同享有的事业。"该意见明确指出建设美丽中国与全民行动之间的紧密联系，指向了构建环境治理全民行动体系的必要性与紧迫性。2020 年，《关于构建现代环境治理体系的指导意见》要求"以更好动员社会组织和公众共同参与为支撑"，强调"健全环境治理全民行动体系"，针对性提出"强化社会监督""发挥各类社会团体作用""提高公民环保素养"等多项举措①。回顾往昔，自新中国成立以来，中国共产党人创造性地开展将群众路线运用到生态文明建设的探索与实践中。群众路线是"党永葆青春活力和战斗力的传家宝"，要"把群众路线贯彻到治国理政全部活动之中"②。环境治理全民行动是群众路线的内在要求，是新时代治国理政实践中的重要方法。综合观之，坚持环境治理全民行动体系，实质上是将党的群众路线运用、贯彻和落实到美丽中国建设之中的本质要求。人与自然和谐共生的绿色发展为环境治理全民行动体系打造了重要的理念支撑，擘画了环境治理全民行动体系推动人与自然和谐共生的发展愿景。

三、契合中国式现代化人民至上价值立场

人与自然和谐共生的绿色发展贴切中国式现代化将现代化建设成果惠及全体人民的内生诉求。党的二十大报告鲜明提出："中国式现代化，是中国共产党领导的社会主义现代化，既有各国现代化的共同特征，更有基于自己国情的中国特色。"③党的二十大报告揭示了党的中心任务，绘制了以中国式现代化促进民族复兴的宏伟图景，开启了全面建成社会主义现代化强国事业新征程。中国式现代化既涵括经济、政治、社会、文化、生态建设领域"五位一体"总体布局，又蕴含以富强、民主、文明、和谐、美

---

① 中办国办印发《指导意见》构建现代环境治理体系 [N]. 人民日报, 2020-03-04 (01).

② 倪光辉, 饶爱民. 中共中央举行纪念毛泽东同志诞辰 120 周年座谈会 [N]. 人民日报, 2013-12-27 (01).

③ 习近平. 高举中国特色社会主义伟大旗帜 为全面建设社会主义现代化国家而团结奋斗: 在中国共产党第二十次全国代表大会上的报告 [M]. 北京: 人民出版社, 2022: 22.

丽多维度的战略目标体系。"美丽"价值维度的发展目标展现了中国式现代化对人与自然关系的探索。人与自然和谐共生，既是中国式现代化的价值导向，又是中国式现代化的本质要求。习近平总书记明确强调："良好生态环境是最公平的公共产品，是最普惠的民生福祉"①。生态环境与人民生活紧密相连，青山蓝天与美丽幸福密切相关。如果人与自然居于和谐共生的良好关系，将会给人民群众带来最为直接的民生福祉。人与自然和谐共生的绿色发展强调实现人与自然的和谐关系，倡导绿色发展方式。在人与自然和谐共生的绿色发展的理念指引下，中国式现代化道路将使得人民群众切实感受到生态文明建设新成效，助力人民群众享受到发展红利与绿色福利，推动良好生态环境转化为人民群众生活质量的重要增长点，促使中国式现代化建设成果惠及全体人民这一内生诉求的真正实现。

人与自然和谐共生的绿色发展贴切中国式现代化实现全体人民共同富裕的实践路向。在党的二十大胜利召开后，中国式现代化的深刻内涵被明确阐述为"全体人民共同富裕的现代化""人与自然和谐共生的现代化"②。实现全体人民共同富裕，既是中国式现代化的本质要求，又是国家发展、社会进步、民族复兴的价值旨归。作为人类生存发展的物质基础，生态环境的保护事业关乎为民造福、江山永续的千年大计。习近平总书记明确提出："要牢固树立绿水青山就是金山银山的理念，守住发展和生态两条底线，努力走出一条生态优先、绿色发展的新路子"③。这一鲜明阐释是由我国国情决定的，其具有实现人民对美好生活向往的出发点和落脚点。我国在分析西方国家生产力快速发展而生态环境遭受破坏的发展经验的过程中，深刻认识到"先污染，后治理"道路的不合理性，明确人与自然和谐共生的绿色发展的重要性，坚定不移走可持续发展的生态文明道路。在我国经济由高速增长阶段转变为高质量发展阶段的当下，促进经济社会发展和生态环境保护同步发展是中国式现代化的应有之义。中国式现代化贯彻人民至上理念，强调在推进中国式现代化建设历程中坚持人民性导向。人与自然和谐共生的绿色发展倡导中国式现代化对生态文明道路的

---

① 中共中央宣传部. 习近平总书记系列重要讲话读本 [M]. 北京：学习出版社，人民出版社，2014：123.

② 习近平. 高举中国特色社会主义伟大旗帜 为全面建设社会主义现代化国家而团结奋斗：在中国共产党第二十次全国代表大会上的报告 [M]. 北京：人民出版社，2022：22-23.

③ 习近平. 论坚持人与自然和谐共生 [M]. 北京：中央文献出版社，2022：141.

坚守，在绿色发展的基础上实现经济发展和生态保护的协同并进，推动全体人民共同富裕获得持续性发展。

人与自然和谐共生的绿色发展贴切中国式现代化助推人的全面发展的根本目的。党的二十大报告强调："中国式现代化是物质文明和精神文明相协调的现代化。物质富足、精神富有是社会主义现代化的根本要求。"①物质和精神都得到发展、充实是社会主义现代化的内在要求。中国式现代化既要求极大丰富物质财富，又强调极大充实精神财富。马克思指出："个人的全面性不是想象的或设想的全面性，而是他的现实关系和观念关系的全面性。"② 人的全面发展，既意味着实现作为社会主体的人在个性、道德、能力等多方面的发展，又要求实现人的关系的丰富。人与自然的关系和人与社会的关系都是人的关系中的重要内容。人与自然和谐共生的绿色发展在重视实现人与自然和谐共生的状态的同时，强调以绿色发展方式推动经济社会发展。人与自然和谐共生的绿色发展为中国式现代化推进人的全面发展提供了重要实践指向。人与自然和谐共生的绿色发展，指引中国式现代化为人的活动和经济行为设置了生态环境和自然资源的承受限度，号召中国式现代化在坚持绿色发展方式的过程中以高品质的生态环境推动高质量的经济发展。在人与自然和谐共生的绿色发展理念倡导下，中国式现代化不仅能够为满足人民美好生活需要提供更为丰富的物质财富和精神财富，而且能够为满足人民的良好生态环境需要创造更为充实的生态产品和生态文化。

第三节　人与自然和谐共生的绿色发展的世界价值

人与自然和谐共生的绿色发展具有宽阔的国际视野，其具有世界性的价值意蕴。人与自然和谐共生的绿色发展的世界价值，主要体现为贡献人类社会可持续发展的中国方案、打造各国交流合作窗口平台、助推共同构建人类命运共同体。

---

① 习近平. 高举中国特色社会主义伟大旗帜 为全面建设社会主义现代化国家而团结奋斗：在中国共产党第二十次全国代表大会上的报告 [M]. 北京：人民出版社，2022：22.

② 中共中央马克思恩格斯列宁斯大林著作编译局. 马克思恩格斯全集：第四十六卷（下册）[M]. 北京：人民出版社，1980：36.

一、贡献人类社会可持续发展的中国方案

人与自然和谐共生的绿色发展提供了人与自然关系的新认识。习近平总书记在论及人与自然关系时明确提出："人因自然而生，人与自然是一种共生关系。"① 自人类社会发展到工业文明以来，传统工业的迅猛发展使得巨大物质财富不断涌现。与此同时，其对自然资源的掠夺和对生态环境的破坏共同致使生态系统产生失衡以及人与自然关系日渐趋于紧张。西方国家在追逐经济利益的过程中所相继发生的环境公害事件造成了巨大的损失，引起了世界对资本主义发展方式的反思与追问。人与自然和谐共生的绿色发展蕴含中华优秀传统文化中将自然生态与人类文明相联系的生态智慧，凝聚了中华民族尊重自然、热爱自然、遵循规律、取舍有度的生态观点。人与自然和谐共生的绿色发展吸纳了马克思主义人与自然关系思想，强调自然是生命之母，提倡应当敬畏自然、善待自然。相较于西方国家重视经济发展、轻视生态保护的传统道路，我国在吸纳西方资本主义发展方式经验教训的过程中，重视绿色发展方式，摸索探寻了契合人类共同发展利益的生态文明道路，总结凝练了人与自然和谐共生的重要关系认识。人与自然和谐共生的绿色发展，关照了人与自然和谐共生关系之于人类社会永续发展的重要价值，倡导以绿色发展促进人与自然和谐共生关系的实现，为促进人类社会可持续发展贡献了中国智慧与中国方案。

人与自然和谐共生的绿色发展有助于开创生态文明新境界。作为人类社会发展进步的重要成果，生态文明内蕴实现人与自然和谐共生关系的必然要求。西方国家在工业文明时代中毫无节制消耗资源、毫无限度污染环境的资本主义发展模式，不仅造成了自然生态系统的巨大破坏和环境公害事件的频频发生，而且导致了人类生存空间的压缩和生活质量的降低。伴随生态文明时代的来临，资源消耗无节制、环境污染无限度的资本主义发展模式已经不具有存在的必要性，其重利益轻生态的价值取向和实践导向以及危害后果亟须加以批判。习近平总书记强调："当人类合理利用、友好保护自然时，自然的回报常常是慷慨的；当人类无序开发、粗暴掠夺自然时，自然的惩罚必然是无情的。人类对大自然的伤害最终会伤及人类自身，这是无法抗拒的规律。"② 人作为具有主观能动性的重要主体，人对自

---

① 习近平. 论坚持人与自然和谐共生［M］. 北京：中央文献出版社，2022：167.
② 习近平. 论坚持人与自然和谐共生［M］. 北京：中央文献出版社，2022：9.

然的认识以及对待自然的方式共同造就了人与自然的现实关系。人与自然和谐共生的绿色发展立足人类发展的高度，继承和发展中华优秀生态文化和马克思主义人与自然关系思想的理论基础。人与自然和谐共生的绿色发展着眼于世界发展的现实状况，超越了"人类中心主义"和"非人类中心主义"中将人与自然对立的主客二元论的狭隘性，有助于全世界人民一道开创生态文明新境界。

人与自然和谐共生的绿色发展提出全球环境治理新思路。习近平总书记在致世界环境司法大会的贺信中明确指出："地球是我们的共同家园。世界各国要同心协力，抓紧行动，共建人与自然和谐的美丽家园"①，并鲜明表达了"中国愿同世界各国、国际组织携手合作，共同推进全球生态环境治理"②的大国担当。自工业革命以来，人类无节制的资源掠取和无限度的环境污染招致了生态危机频频探头，致使地球生态系统失衡。生态环境问题及其带来的威胁是共同性的，生态环境问题是关乎人类未来和全球发展的重要问题。应对生态环境问题，保护人类赖以生存的地球，亟须世界各国齐心协力、同舟共济、携手治理。人与自然和谐共生的绿色发展为全球环境治理提供理念指引。人与自然和谐共生的绿色发展，以人与自然关系为切入点，瞄准人类能否在21世纪实现可持续性发展的时代课题，绘制了人与自然和谐共生的未来图景。人与自然和谐共生，不仅奠定了人与自然关系的重要原则，而且提供了解决人与自然深层次矛盾的关键钥匙。人与自然和谐共生的绿色发展，既强调在人与自然关系上实现和谐共生的状态，又注重坚持绿色发展。"综观世界发展史，保护生态环境就是保护生产力，改善生态环境就是发展生产力。"③ 绿色发展符合生态文明提倡的摒弃"先污染后治理"的传统发展方式，主张把握绿色转型过程的机遇，在打造全球良好生态环境的基础上，促使生态优势助推经济发展。

二、打造各国交流合作窗口平台

人与自然和谐共生的绿色发展推动共建绿色"一带一路"。习近平总书记在博鳌亚洲论坛二○二一年年会开幕式上明确指出："我们将建设更紧密的绿色发展伙伴关系。加强绿色基建、绿色能源、绿色金融等领域合

① 习近平. 论坚持人与自然和谐共生 [M]. 北京：中央文献出版社，2022：97.
② 习近平. 论坚持人与自然和谐共生 [M]. 北京：中央文献出版社，2022：97.
③ 习近平. 论坚持人与自然和谐共生 [M]. 北京：中央文献出版社，2022：26.

作，完善'一带一路'绿色发展国际联盟、绿色投资原则等多边合作平台，让绿色切实成为共建'一带一路'的底色。"① 绿色发展理念，既是尊重自然、顺应自然、旨在助推人与自然和谐共生的发展理念，又是用最少资源环境代价取得最大经济社会效益的发展理念，还是以高质量、可持续为目标导向的发展理念。伴随全球生态问题的日益显现，世界各国逐渐深刻认识保护生态环境的必要性与紧迫性，重视建立人与自然之间和谐共生的关系，强调以绿色发展方式为动力推动经济社会发展。绿色"一带一路"，即在开展"一带一路"建设过程中始终坚持和自觉贯彻绿色、环保和低碳发展理念。人与自然和谐共生的绿色发展为推动共建绿色"一带一路"提供了重要的理念支撑。贫困和环境恶化两大问题制约着人类社会的整体性发展。发展中国家在高质量发展道路上面临着艰巨的发展任务。"一带一路"建设周边国家多数仍处在摆脱贫困的工业化发展进程中，现有的生态环境难以支撑其延续西方国家"先发展后治理"的传统发展道路，坚持生态文明道路才是它们的最优选择。人与自然和谐共生的绿色发展，既指明了人与自然和谐共生的价值取向，又以绿色发展赋予"一带一路"建设的鲜明底色。

人与自然和谐共生的绿色发展有助于开创生态优先、绿色发展的现代化道路。习近平总书记强调："坚定不移走生态优先、绿色发展的现代化道路"②。自然是人类赖以生存的物质根基，是孕育人类的生命源泉。人与自然和谐共生是促进经济社会发展和生态环境向好的应然状态。然而，自人类进入工业文明时代以来，传统发展道路以发展迅猛、可复制性强的优势备受西方国家青睐。传统发展道路遵循"先污染后治理，先开发后保护，先破坏后修复"的发展原则，实质上是将人与自然相对立，人试图征服和主宰自然的思维定式。在传统发展道路的影响下，人类为牟取利益无节制的资源开发和无限度的环境污染，致使地球生态系统的平衡性遭受极大破坏，人与自然之间和谐状态的营造面临极大挑战。在生态环境逐步成为全球性问题的当下，与工业文明时代相适应的传统发展道路已经不适应于生态文明时代的发展诉求。现代化道路具有坚持生态优先，倡导绿色发展的重要内涵，它与生态文明时代重视自然、尊重自然、顺应自然的价值取向相契合。生态优先、绿色发展的现代化道路契合世界各国特别是发展

① 习近平. 论坚持人与自然和谐共生 [M]. 北京：中央文献出版社，2022：123-124.
② 习近平. 论坚持人与自然和谐共生 [M]. 北京：中央文献出版社，2022：296.

中国家谋求高质量发展的现实需求。人与自然和谐共生的绿色发展，为开创生态优先、绿色发展的现代化道路提供价值遵循。人与自然和谐共生的绿色发展，不仅为坚持生态优先、绿色发展的现代化道路指明了促进经济与环境协同并进的发展原则，而且为坚持生态优先、绿色发展的现代化道路绘制了人与自然的和谐画卷。

人与自然和谐共生的绿色发展有助于打造利益共生、权利共享、责任共担的全球生态治理格局。习近平总书记指出："人类是命运共同体，保护生态环境是全球面临的共同挑战和共同责任。"① 人类生活在同一个地球家园，共同面临着保护生态环境，维护能源资源安全的艰巨挑战。在世界各国联系越发紧密的当今时代，生态问题的全球性特征越发显著，潜伏的生态安全威胁越发紧迫。中国坚持人与自然和谐共生的绿色发展，在贯彻人与自然和谐共生的人与自然关系构建原则的过程中，积极推进绿色发展方式，并且积极参与全球生态治理。中国在取得自身发展的同时，自觉承担国际责任。习近平总书记强调："中国将继续承担应尽的国际义务，同世界各国深入开展生态文明领域的交流合作，推动成果分享，携手共建生态良好的地球美好家园。"② 人与自然和谐共生的绿色发展为打造利益共生、权利共享、责任共担的全球生态治理格局创造了理念遵循。人与自然和谐共生的绿色发展旨在实现人与自然和谐共生的理想关系，以绿色为发展动力促进经济社会与自然生态的双向发展。人与自然和谐共生的绿色发展，不仅有助于中国实现经济社会发展与生态环境保护的齐头并进，而且为世界各国携手共建利益共生、权利共享、责任共担的全球生态治理格局增添积极因素。

三、助推共同构建人类命运共同体

人与自然和谐共生的绿色发展倡导全人类携手治理生态问题。伴随经济全球化和资源配置全球化进程的逐步推进，资源浪费和环境污染情况日趋严重，生态破坏越发具有成为全球性危机的不良趋势。生活在同一个地球，所有国家的前途和命运都紧密相连，任何一个国家的生态问题都具有演变成为全球性生态危机的可能性。与生存生活生产息息相关的生态问题，其实质上成了当前人类所面临的重要生存挑战。只有世界各国人民携

① 习近平. 论坚持人与自然和谐共生 [M]. 北京：中央文献出版社，2022：8.
② 习近平. 论坚持人与自然和谐共生 [M]. 北京：中央文献出版社，2022：37.

手，直面生态问题，勇于担当生态责任，针对生态问题展开行动，才能够妥善保护人类共同的家园。治理生态问题是全人类责无旁贷的共同事业，保护生态环境是全球义不容辞的共同责任。然而，一些发达资本主义国家漠视治理全球生态问题的重要性与紧迫性，置全人类整体利益于不顾。它们不仅奉行单边主义，设置绿色贸易壁垒，无视生态问题治理的责任担当，而且为实现自身利益的最大化，向发展中国家转移污染物和污染行业，转嫁生态保护的责任。我国深刻认识到，面对生态环境挑战，人类是一荣俱荣、一损俱损的命运共同体。为了共同的未来，我国坚持胸怀天下，秉持生态文明理念，追求人与自然和谐共生。我国所倡导的人与自然和谐共生的绿色发展，旨在实现与世界各国命运与共、携手共建美好地球家园的和谐愿景，展现了中国作为负责任大国的天下情怀与时代担当。

人与自然和谐共生的绿色发展呼吁构建人与自然生命共同体。自然是人类赖以生存的基本条件，它为人类的成长和发展提供了极为重要的物质基础。人类享受着自然提供的种种便利，对自然具有尊重、善待、保护的责任与义务。但是，受长期以来的"人类中心主义"思维定式的消极影响，人类自诩为自然的主宰，行事以自身发展为先，漠视了对自然的保护，并且毫无节制地从自然中掠夺各类资源以满足自身的发展需要。人口规模的急剧扩大，人类活动范围的过度扩张，挤压了其他物种的生存空间、生存条件和生存资源，导致其他物种正在灭绝甚至已经灭绝的生命悲剧；人类在消耗资源以求经济发展的过程中，肆意排放废弃物，影响水循环、土壤循环、大气循环等自然循环过程，造成了自然界中难以消除的环境污染；人类对化石能源的大量使用，致使温室气体巨量生成、温室效应加速，地球能量平衡改变，危及了海岛和海岸沿线国家的生存安全甚至是全人类生存安全。人类是保护自然的第一责任人，但是人类长期以来将人与自然的关系进行割裂，将经济发展与环境保护视作对立面，人类对地球自然环境的恶化具有不可推卸的责任。人与自然和谐共生的绿色发展，将从思想观念的角度着手，引导全人类改变固有的人与自然关系认识，重新审视人与自然的紧密联系以及人在其中的角色定位，有力地推动了人与自然生命共同体的锻造进程。人与自然和谐共生的绿色发展既能够带领全人类破除"人类中心主义"的惯性思维，又能够为全人类塑造人与自然生命共同体提供理念支撑。

人与自然和谐共生的绿色发展引领全人类共建清洁美丽世界。人类是自然的重要组成部分。自然先于人类而客观存在，并具有不依赖人类的创造力。它不仅创造了适合生命生存的物质基础和生态环境，而且创造了各种生物物种乃至整个地球生态系统。人类因自然而生，人类的生存和人类文明的延续都依赖于自然提供的生产资料和生活资料。然而，作为人类生存的唯一家园，地球所面临的气候变暖、臭氧层损耗与破坏、生物多样性锐减、酸雨蔓延、大气污染、水污染等严峻生态问题已经迫在眉睫，亟须全人类直面问题和妥善解决。全人类携手共建清洁美丽世界逐步成为越来越响亮的全球呼声。基于自然界的生态保护和人类的永续发展角度，清洁美丽世界是全人类在构建人类命运共同体过程中的必然选择。人与自然和谐共生的绿色发展站在人与自然的高度，指明了全人类共建清洁美丽世界的前进方向。全人类共建清洁美丽的世界，应当以打造人与自然之间的共生共存共荣关系为出发点，热切关注全球环境状况的变化和人类活动对生态造成的维护，自觉采取保护自然环境和维护生态平衡的有益行动。人与自然和谐共生的绿色发展倡导全人类在共建清洁美丽世界的过程中注重以绿色为底色的发展理念，摒弃原有的经济发展与环境保护相对立的狭隘观念，促使经济增长的动力转变为环境优化的助益，协同推进经济的发展进步与环境的持续向好。

参考文献

彼得·诺兰，吕增奎，2005. 处在十字路口的中国 ［J］. 国外理论动态 （9）：31-36.

曹前发，2013. 毛泽东生态观 ［M］. 北京：人民出版社.

陈东林，2014. 中国共产党与三线建设 ［M］. 北京：中共党史出版社.

陈晓芬，徐儒宗，2015. 论语 ［M］. 北京：中华书局.

陈勇，2019. 新时代绿色发展理念的伦理价值及其实现路径 ［J］. 伦理学研究 （5）：20-26.

陈云，2015. 生态文明建设的中国哲学基础及其启示 ［J］. 理论月刊 （12）：36-40.

程颢，程颐，王孝鱼，2004. 二程集·遗书：第四卷 ［M］. 中华书局.

崔青青，2019. 建国以来中国共产党主要领导人的生态思想论析 ［J］. 西南民族大学学报 （人文社科版），40 （9）：197-205.

大卫·格里芬，柯进华，2013. 生态文明：拯救人类文明的必由之路 ［J］. 深圳大学学报 （人文社会科学版），30 （6）：27-35.

邓小平，1993. 邓小平文选：第三卷 ［M］. 北京：人民出版社.

邓小平，1994. 邓小平文选：第二卷 ［M］. 北京：人民出版社.

董仲舒，苏舆，锺哲，1992. 春秋繁露义：第六卷 ［M］. 北京：中华书局.

方世南，2016. 论绿色发展理念对马克思主义发展观的继承和发展 ［J］. 思想理论教育 （5）：28-33.

方世南，2020. 人与自然和谐共生的价值蕴涵 ［J］. 城市与环境研究 （4）：3-11.

方世南，2021. 促进人与自然和谐共生的内涵、价值与路径研究 ［J］. 南通大学学报 （社会科学版），37 （5）：1-8.

方世南，2021. 绿色发展：迈向人与自然和谐共生的绿色经济社会

［J］. 苏州大学学报（哲学社会科学版），42（1）：15-22.

方勇，2010. 孟子［M］. 北京：中华书局.

方勇，2015. 庄子［M］. 北京：中华书局.

方勇，李波，2015. 荀子·天论［M］. 北京：中华书局.

菲利普·克莱顿，贾斯廷·海因泽克，2019. 有机马克思主义：生态灾难与资本主义的替代选择［M］. 孟献丽，于桂凤，张丽霞，译. 北京：人民出版社.

冯留建，管婧，2017. 中国共产党绿色发展思想的历史考察［J］. 云南社会科学（4）：9-14，185.

郭沂，2017. 子曰全集：第三卷［M］. 北京：中华书局.

国家环境保护总局，中共中央文献研究室，2001. 新时期环境保护重要文献选编［M］. 北京：中央文献出版社，中国环境科学出版社.

国家统计局，2022. 国统计年鉴. 北京：中国统计出版社.

侯伟丽，2004.21 世纪中国绿色发展问题研究［J］. 南都学坛（3）：106-110.

胡鞍钢，2012. 中国：创新绿色发展［M］. 北京：中国人民大学出版社.

胡建，2016. 马克思生态文明思想及其当代影响［M］. 北京：人民出版社.

胡锦涛，2004. 在中央人口资源环境工作座谈会上的讲话［J］. 国土资源通讯（5）：4-7.

胡锦涛，2016. 胡锦涛文选：第二卷［M］. 北京：人民出版社.

胡锦涛，2016. 胡锦涛文选：第三卷［M］. 北京：人民出版社.

黄怀信，2006. 逸周书校补注译［M］. 西安：三秦出版社.

黄润秋，2023.2022 年中国生态环境状况公报［R］. 北京：中华人民共和国生态环境部.

黄润秋，2023. 深入学习贯彻党的二十大精神　奋进建设人与自然和谐共生现代化新征程：在 2023 年全国生态环境保护工作会议上的工作报告［J］. 环境保护，51（4）：14-25.

黄素珍，鲁洋，杨晓英，等，2019. 安徽省黄山市绿色发展时空趋势研究［J］. 长江流域资源与环境（28）：1872-1885.

黄志斌，沈琳，袁蛟姣，2015. 毛泽东的绿色发展思想及其时代意义［J］. 毛泽东邓小平理论研究（8）：48-52，91.

黄志斌，袁蛟娇，沈琳，2016. 邓小平绿色发展思想的历史考察［J］.安徽史学（3）：106-110.

霍艳丽，刘彤，2011. 生态经济建设：我国实现绿色发展的路径选择［J］. 企业经济（30）：63-66.

江泽民，2001. 论科学技术［M］. 北京：人民出版社.

江泽民，2002. 全面建设小康社会开创中国特色社会主义事业新局面：在中国共产党第十六次全国代表大会上的报告［M］. 北京：人民出版社.

江泽民，2006. 江泽民文选：第一卷［M］. 北京：人民出版社.

江泽民，2006. 江泽民文选：第三卷［M］. 北京：人民出版社.

蒋南平，向仁康，2013. 中国经济绿色发展的若干问题［J］. 当代经济研究（2）：50-54.

杰拉德·陈，李丰，2007. 中国的环境治理：国内与国际的连结［J］. 复旦国际关系评论（1）：15.

金瑶梅，2018. 绿色发展的理论维度［M］. 天津：天津人民出版社.

李聃，赵炜，2018. 道德经［M］. 西安：三秦出版社.

李佐军，2012. 中国绿色转型发展报告［M］. 北京：中共中央党校出版社.

刘斌，2021. 以人民为中心视域下绿色发展理念研究［M］. 北京：人民出版社.

刘德海，2016. 绿色发展［M］. 南京：江苏人民出版社.

刘文典，冯逸，乔华，1989. 淮南鸿烈集解：上［M］. 北京：中华书局.

刘文典，赵锋，诸伟奇，2015. 庄子补正：卷五（上）［M］. 北京：中华书局.

刘湘溶，曾晚生，2018. 绿色发展理念的生态伦理意蕴［J］. 伦理学研究（3）：17-22.

刘志阳，庄欣荷，2022. 中国共产党百年绿色治理的探索进程与逻辑演进［J］. 经济社会体制比较（1）：36-44.

陆波，方世南，2021. 中国共产党百年生态文明建设的发展历程和宝贵经验［J］. 学习论坛（5）：5-14.

路日亮，陶蕾韬，2022. 新时代生态文明建设的理论创新［M］. 北京：人民出版社.

马榕璠，杨峻岭，2021. 全面理解习近平人与自然和谐共生理论的科

学内涵 [J]. 思想政治教育研究, 37 (5): 12-17.

毛泽东, 1982. 毛泽东农村调查文集 [M]. 北京: 人民出版社.

毛泽东, 1991. 毛泽东选集: 第一卷 [M]. 北京: 人民出版社.

毛泽东, 1991. 毛泽东选集: 第四卷 [M]. 北京: 人民出版社.

毛泽东, 1993. 毛泽东文集: 第一卷 [M]. 北京: 人民出版社.

毛泽东, 1993. 毛泽东文集: 第二卷 [M]. 北京: 人民出版社.

毛泽东, 1996. 毛泽东文集: 第三卷 [M]. 北京: 人民出版社.

毛泽东, 1999. 毛泽东文集: 第六卷 [M]. 北京: 人民出版社.

毛泽东, 1999. 毛泽东文集: 第七卷 [M]. 北京: 人民出版社.

毛泽东, 1999. 毛泽东文集: 第八卷 [M]. 北京: 人民出版社.

聂弯, 2018. 资源环境约束下培育绿色发展新动能战略路径研究: 以大庆市为例 [J]. 生态经济 (34): 66-69.

渠彦超, 张晓东, 2016. 绿色发展理念的伦理内涵与实现路径 [J]. 青海社会科学 (3): 54-58, 106.

世界银行和国务院发展研究中心联合课题组, 2013. 2030 年的中国: 建设现代、和谐、有创造力的社会 [M]. 北京: 中国财政经济出版社.

孙金龙, 2023. 全面学习把握落实党的二十大精神 加快建设人与自然和谐共生的美丽中国: 在 2023 年全国生态环境保护工作会议上的讲话 [J]. 环境保护, 51 (4): 8-13.

孙琳, 葛燕燕, 姜姝, 2023. 绿色发展理念驱动中国式现代化的辩证法研究 [J]. 南京农业大学学报 (社会科学版), 23 (3): 11-20.

万以诚, 万岍, 2000. 新文明的路标: 人类绿色运动史上的经典文献 [M]. 长春: 吉林人民出版社.

王传发, 陈学明, 2020. 马克思主义生态理论概论 [M]. 北京: 人民出版社.

王方邑, 杨锐, 2022. 人与自然和谐共生概念辨析 [J]. 中国园林, 38 (12): 104-108.

王建勋, 刘岩, 任亮, 2021. 张家口市绿色发展现状、存在问题与对策研究 [J]. 草地学报 (29): 2017-2022.

王玲玲, 张艳国, 2012. "绿色发展" 内涵探微 [J]. 社会主义研究 (5): 143-146.

王青, 2021. 新时代人与自然和谐共生观的哲学意蕴 [J]. 山东社会科学（1）：103-110.

王先谦，沈啸寰，王星贤，1988. 荀子集解：第五卷［M］. 北京：中华书局.

王雪源，王增福，2023. 人与自然和谐共生的现代化：科学内涵、本质要求与实现路径［J］. 福建论坛（人文社会科学版）（1）：19-30.

王永芹，王连芳，2018. 当代中国绿色发展观研究［M］. 北京：社会科学文献出版社.

魏聚刚，2018. 从毛泽东到习近平：绿色发展理念的演进［J］. 中学政治教学参考（24）：5-10.

吴静，2018. 论绿色发展的三重维度［J］. 宁夏社会科学（6）：17-21.

吴毓江，孙启治，2006. 墨子校注［M］. 北京：中华书局.

习近平，2006. 干在实处，走在前列：推荐浙江新发展的思考和实践［M］. 北京：中共中央党校出版社.

习近平，2007. 之江新语［M］. 杭州：浙江人民出版社.

习近平，2016. 在省部级主要领导干部学习贯彻党的十八届五中全会精神专题研讨班上的讲话［M］. 北京：人民出版社.

习近平，2017. 习近平谈治国理政：第二卷［M］. 北京：外文出版社.

习近平，2018. 论坚持推动构建人类命运共同体［M］. 北京：中央文献出版社.

习近平，2018. 习近平谈治国理政：第一卷［M］. 北京：外文出版社.

习近平，2020. 习近平谈治国理政：第三卷［M］. 北京：外文出版社.

习近平，2021. 论把握新发展阶段、贯彻新发展理念、构建新发展格局［M］. 北京：中央文献出版社.

习近平，2022. 高举中国特色社会主义伟大旗帜 为全面建成社会主义现代化国家而团结奋斗：在中国共产党第二十次全国代表大会上的报告［M］. 北京：人民出版社.

习近平，2022. 论坚持人与自然和谐共生［M］. 北京：中央文献出版社.

习近平，2022. 习近平谈治国理政：第四卷［M］. 北京：外文出版社.

习近平，2023. 习近平著作选读：第一卷［M］. 北京：人民出版社.

习近平，2023. 习近平著作选读：第二卷［M］. 北京：人民出版社.

习近平. 2017. 决胜全面建成小康社会夺取新时代中国特色社会主义伟大胜利：在中国共产党第十九次全国代表大会上的讲话［M］. 北京：人

民出版社.

习近平, 2013-11-16. 关于《中共中央关于全面深化改革若干重大问题的决定》的说明 [N]. 人民日报 (01).

习近平, 2020-12-13. 继往开来, 开启全球应对气候变化新征程 [N]. 人民日报 (02).

习近平, 2013-05-25. 坚持节约资源和保护环境基本国策努力走向社会主义生态文明新时代 [N]. 人民日报 (01).

习近平, 2016-06-01. 为建设世界科技强国而奋斗 [N]. 人民日报 (02).

习近平, 2021-09-22. 习近平出席第七十六届联合国大会一般性辩论并发表重要讲话 [N]. 人民日报 (01).

萧三, 1979. 毛泽东同志的青少年时代 [M]. 北京: 中国青年出版社.

小约翰·柯布, 2018. 生态文明的希望在中国 [J]. 人民论坛 (30): 20-21.

徐静, 2017. 走向生态文明新时代的大文化行动: 2016 生态文明贵阳国际论坛生态文化主题论坛讲演集 [M]. 北京: 社会科学文献出版社.

许涤新, 1980. 政治经济学辞典: 中册 [M]. 北京: 人民出版社.

郇庆治, 2011, 当代西方绿色左翼政治理论 [M]. 北京: 北京大学出版社.

郇庆治, 2015. 当代西方生态资本主义理论 [M]. 北京: 北京大学出版社.

郇庆治, 马丁·耶内克, 2010. 生态现代化理论: 回顾与展望 [J]. 马克思主义与现实 (1): 175-179.

闫艳, 2012. 加强国际交流 推进绿色发展: "全球视域下的绿色发展与创新" 国际学术研讨会综述 [J]. 唐都学刊, 28 (6): 110-113.

岩佐茂. 1997. 环境的思想: 环境保护与马克思主义的结合处 [M]. 韩立新, 译. 北京: 中央编译出版社.

颜文华, 2017. 休闲农业旅游绿色发展路径: 以河南省洛阳市为例 [J]. 江苏农业科学 (45): 301-304.

杨发庭, 2014. 绿色技术创新的制度研究 [D]. 北京: 中共中央党校.

杨秀萍, 2018. 习近平绿色发展理念的生成逻辑 [J]. 天津行政学院学报, 20 (4): 56-61.

约翰·德赖泽克. 2008. 地球政治学：环境话语［M］. 蔺雪春，郭星辰，译. 济南：山东大学出版社：196.

张友国，2023. 人与自然和谐共生绿色发展的路径选择［J］. 社会科学辑刊（5）：181-189.

张云飞. 2022. 自然界的复活：马克思主义人与自然关系思想及其当代意义［M］. 北京：人民出版社.

赵建军，王治河. 2013. 全球视野中的绿色发展与创新：中国未来可持续发展模式探寻［M］. 北京：人民出版社.

郑文含，2019. 绿色发展：资源枯竭型城市转型路径探索：基于徐州市贾汪区的实证［J］. 现代城市研究（4）：100-105.

郑玄，王锷，2021. 礼记注：第四卷［M］. 北京：中华书局.

中共中央党史和文献研究院，2019. 十九大以来重要文献选编：上［M］. 北京：中央文献出版社.

中共中央党史和文献研究院，2022. 全面建成小康社会重要文献选编：上［M］. 北京：人民出版社，新华出版社.

中共中央党史和文献研究院. 2023. 习近平关于城市工作论述摘编［M］. 北京：中央文献出版社.

中共中央马克思恩格斯列宁斯大林著作编译局，1972. 马克思恩格斯全集：第三十一卷［M］. 北京：人民出版社.

中共中央马克思恩格斯列宁斯大林著作编译局，2001. 马克思恩格斯全集：第四十四卷［M］. 北京：人民出版社.

中共中央马克思恩格斯列宁斯大林著作编译局，2002. 马克思恩格斯全集：第三卷［M］. 北京：人民出版社.

中共中央马克思恩格斯列宁斯大林著作编译局，2003. 马克思恩格斯全集：第四十六卷［M］. 北京：人民出版社.

中共中央马克思恩格斯列宁斯大林著作编译局，2009. 马克思恩格斯文集：第一卷［M］. 北京：人民出版社.

中共中央马克思恩格斯列宁斯大林著作编译局，2009. 马克思恩格斯文集：第八卷［M］. 北京：人民出版社.

中共中央马克思恩格斯列宁斯大林著作编译局，2009. 马克思恩格斯文集：第九卷［M］. 北京：人民出版社.

中共中央马克思恩格斯列宁斯大林著作编译局，2009. 马克思恩格斯文集：第十卷［M］.北京：人民出版社.

中共中央马克思恩格斯列宁斯大林著作编译局，2012.列宁选集：第三卷［M］.北京：人民出版社.

中共中央马克思恩格斯列宁斯大林著作编译局，2013.列宁全集：第一卷［M］.北京：人民出版社.

中共中央马克思恩格斯列宁斯大林著作编译局，2014.马克思恩格斯全集：第二十六卷［M］.北京：人民出版社.

中共中央马克思恩格斯列宁斯大林著作编译局，2016.马克思恩格斯全集：第四十二卷［M］.北京：人民出版社.

中共中央马克思恩格斯列宁斯大林著作编译局，2016.马克思恩格斯全集：第四十三卷［M］.北京：人民出版社.

中共中央马克思恩格斯列宁斯大林著作编译局，2017.列宁全集：第二十七卷［M］.北京：人民出版社.

中共中央马克思恩格斯列宁斯大林著作编译局，2017.列宁全集：第二十三卷［M］.北京：人民出版社.

中共中央马克思恩格斯列宁斯大林著作编译局，2017.列宁全集：第三十三卷［M］.北京：人民出版社.

中共中央马克思恩格斯列宁斯大林著作编译局，2017.列宁全集：第三十五卷［M］.北京：人民出版社.

中共中央马克思恩格斯列宁斯大林著作编译局，2017.列宁全集：第四十一卷［M］.北京：人民出版社.

中共中央文献研究室，1992.建国以来重要文献选编：第一册［M］.北京：中央文献出版社.

中共中央文献研究室，1993.建国以来重要文献选编：第六册［M］.北京：中央文献出版社.

中共中央文献研究室，1994.建国以来重要文献选编：第八册［M］.北京：中央文献出版社.

中共中央文献研究室，2004.邓小平年谱（一九七五——一九九七）：上卷［M］.北京：中央文献出版社.

中共中央文献研究室，2004.邓小平年谱（一九七五——一九九七）：下卷［M］.北京：中央文献出版社.

中共中央文献研究室，2008.改革开放三十年重要文献选编：下［M］.

北京：中央文献出版社.

中共中央文献研究室，2010. 江泽民思想年编：一九八九—二〇〇八[M]. 北京：中央文献出版社.

中共中央文献研究室，2002. 江泽民论有中国特色社会主义（专题摘编）[M]. 北京：中央文献出版社.

中共中央文献研究室，2011. 邓小平思想编年史：一九七五—一九九七[M]. 北京：中央文献出版社.

中共中央文献研究室，2013. 毛泽东年谱（一九四九—一九七六）：第四卷[M]. 北京：中央文献出版社.

中共中央文献研究室，2014. 习近平关于全面深化改革论述摘编[M]. 北京：中央文献出版社.

中共中央文献研究室，2016. 习近平关于全面建成小康社会论述摘编[M]. 中央文献出版社.

中共中央文献研究室，2017. 习近平关于社会主义生态文明建设论述摘编[M]，北京：中央文献出版社.

中共中央文献研究室，国家林业局，2003. 毛泽东论林业（新编本）[M]. 北京：中央文献出版社.

中共中央文献研究室，中共湖南省委《毛泽东早期文稿》编辑组，1990. 毛泽东早期文稿[M]，长沙：湖南人民出版社.

中共中央文献研究室中央档案馆，2011. 建党以来重要文献选编（1921—1949）：第一册[M]. 北京：中央文献出版社.

中共中央文献研究室中央档案馆，2011. 建党以来重要文献选编（1921—1949）：第五册[M]. 北京：中央文献出版社.

中共中央文献研究室中央档案馆，2011. 建党以来重要文献选编（1921—1949）：第九册[M]. 北京：中央文献出版社.

中共中央文献研究室中央档案馆，2011. 建党以来重要文献选编（1921—1949）：第十一册[M]. 北京：中央文献出版社.

中共中央文献研究室中央档案馆，2011. 建党以来重要文献选编（1921—1949）：第十六册[M]. 北京：中央文献出版社.

中共中央文献研究室中央档案馆，2011. 建党以来重要文献选编（1921—1949）：第十七册[M]. 北京：中央文献出版社.

中共中央文献研究室中央档案馆，2011. 建党以来重要文献选编

（1921—1949）：第二十三册［M］．北京：中央文献出版社．

中共中央宣传部，2014．习近平总书记系列重要讲话读本［M］．学习出版社，人民出版社．

中共中央宣传部，中华人民共和国生态环境部．2022，习近平生态文明思想学习纲要［M］．北京：学习出版社，人民出版社．

中共中央宣传部理论局，2017．新发展理念研究：治国理政论坛系列理论研讨会论文集［M］．北京：学习出版社．

中华人民共和国国务院新闻办公室，2023．新时代的中国绿色发展［M］．北京：人民出版社．

钟茂初，2018．"人与自然和谐共生"的学理内涵与发展准则［J］．学习与实践（3）：5-13．

钟文，鹿海啸，2004．百年小平：下卷［M］．北京：中央文献出版社．

诸大建，2008．生态文明与绿色发展［M］．上海：上海人民出版社．

左雪松，2019．新中国七十年来中国共产党生态思想历史演进的回顾和启示［J］．中南大学学报（社会科学版），25（6）：1-8．

HANSEN, LI, SVARVERUD, 2018. Ecological civilization：interpreting the Chinese past, projecting the global future［J］．Global environmental change，53：195-203．

FUJII, MANAGI, 2019. Decomposition analysis of sustainable green technology inventions in China［J］．Technological forecasting and social change，139：10-16．